東電福島原発事故 自己調査報告

深層証言&福島復興提言：2011+10

元原発事故収束担当大臣
細野豪志・著

社会学者
開沼博・編

徳間書店

はじめに　〜歴史法廷での自白〜

細野豪志

よくここまで来たと思う。事故後、東京電力福島第一原発（本書では福島の人々にならい「いちえふ」と称す）への前線基地となったJヴィレッジは見事に再生され、サッカーの拠点として若者が集う場所になっている。装甲車や消防車で埋め尽くされ、自衛隊によって管理されていたあの場所が、10年後にサッカー場としてよみがえる姿を当時は想像できなかった。延々と積みあがっていた「黒い塊」を福島県内で目にすることは今やほとんど無くなった。除染土を集めたフレコンバッグが復興の妨げになっているという報道はあったが、撤去されたことを称賛する報道を目にすることはほとんどない。

「いちえふ」のある大熊町の大川原地区は復興拠点として再生している。食事に立ち寄った大熊食堂の近辺には新築された家が建ち並び、犬の散歩をするなど住民たちの日常があった。事故後すぐに「大川原地区を再生の拠点としたい」と言い切った渡辺利綱大熊町長の静かだがドスンと腹に響く言葉に、私を含めた政府関係者の中で自信をもって頷けた者が何人いただろうか。

福島の高校生は原発事故の記憶をおぼろげにしか持っていないにもかかわらず、復興への強い意志を感じることができる。学ぶことの意味を知る者は強い。彼らの中から福島の未来を担う傑出した人材が出てくるだろう。

２０２０年3月14日、私は本書収録の最初の対談相手である田中俊一氏の住む飯舘山荘に向かった。東京から飯舘村に行くには通常は福島駅で下車するのだが、その日はＪＲ常磐線を使い、浜通りから車で飯舘村に入った。全線開通のその日、私はどうしても常磐線に乗りたかった。東日本大震災の津波で壊滅した富岡駅、原発事故で長く避難区域となった地域を走る常磐線の全線開通は見果てぬ夢だと思われた。それがついに実現したのだ。常磐線の浜通りの各駅そして沿道では、「おかえり常磐線」と書かれた横断幕を掲げて祝う人たちが満面の笑みで迎えてくれた。その姿に私の目は釘付けになった。福島の復元力は我々の想像をはるかに超えていた。


福島の未来を書こうと意気込んで始めた本書の執筆作業だったが、「福島は復興途上だ」「原発事故ゆえに他の被災地と比較して復興が遅れている」という声に直面した。原発事故から10年が経過してなお、処理水、中間貯蔵施設に蓄積される除染土、福島県民の健康不安などの問題が残されているのは紛れもない事実だ。当時、政府の責任者として関わった私がそこから目を背けることは許されない。最終的には、その原因を突き詰めて考えることなしに課題の解決も福島の明るい未来も保証されず、それを書くことこそ私自身の責任であるとの考えに至った。

本書はタイトルの通り、東電福島原発事故を自ら検証するものだが、原発事故そのものに対する東京電力、私を含めた政治家、官僚の責任について記したものではない。そうした検証作業は、２０１１年から２０１２年にかけて行われた各種（政府、国会、民間）の事故調査報告書で証言する中で行っており、足らざるところについては、同じ時期に『証言』（２０１２年　講談社）を出版し、記憶が鮮明なうちに私の中では語り尽くしたとの思いがある。他方、事故から10年が経過してもなお決定的に不足しているのは、原発事故からの復興初期のプロセスにあった２０１１年から２０１２年末に行われた様々な判断が、その後の福島の復興とわが国のあり方にどのような影響を与えたかということだ。一度行われた政治判断を変更することは難しく、復興初期に行われた政策判断は今も福島の復興に大きな影響を及ぼしている。本書の目的は、そうした政策決定の評価と考えうる解決策と教訓をできる限り明らかにすることにある。

本書の執筆は、過去の私自身が行った政治決断の責任を問う作業でもあり、当初考えていた以上に苦痛を伴うものとなった。当時の様々な判断が福島の人たちと懸命に向き合い、福島のためを思う中で行われたことに一点の曇りもない。しかし、政治家として評価されるべきは動機や心情ではなく結果なのだ。当時の関係者の多くが現役で活躍しているため、私自身の責任を問うことは関係者にも波及して軋轢（あつれき）を生むことも予想されたが、記憶の風化を考えると今やらなければと考えるに至った。故中曽根康弘元総理は『自省録』の中で政治家は歴史法廷の被告人だと書いておられる。私は歴史法廷で罪を自白する覚悟を持って本書を書いた。

本書は、原発事故直後に『「フクシマ」論』（２０１１年　青土社）を世に問い、事故前から未来へ福島と最も濃密に関わり続ける社会学者の開沼博氏と、福島県出身・在住のジャーナリストとして敢然と風評に立ち向かってきた林智裕氏と対話を積み重ねる中で作成されたものだ。第１章では原発事故時のキーパーソンとの対話を通じて当時を振り返り、この10年の成果と課題を明らかにする。第2章では福島で復興に挑戦する地元住民との対話を通じて、福島の未来を展望する。第3章では原発事故対応の政府責任者として当時を振り返り、今も残る6つの課題の解決策を記す。処理水、甲状腺検査など困難な課題について政治家としての覚悟を持って本章を書いた。第1章と第3章は私が担当し、第2章は開沼博氏が担当した。構成は林智裕氏が担当した。

2011年6月、佐藤雄平知事は「福島が地元だと思って大臣を務めてくれ」と語りかけてきた。あの年の夏、久々に静岡に帰った私が耳にしたのは「静岡に戻る時間があったら福島に行ってくれ。ここは東京電力の管内だ。俺たちがここまで便利な生活ができたのは福島のおかげだ。福島のために働いてくれ」という地元支援者の言葉だった。あの言葉が私を奮い立たせてくれた。それから私は、もし静岡で原発事故が起こり、地元の人たちが避難を強いられたとしたら政治家として何をなすべきかを考えるようになった。静岡県と福島県が誕生したのが8月21日、奇しくも私の誕生日。これが偶然の一致とは思えなかった（ちなみに林智裕氏の誕生日も同じ日）。地元静岡があったから、私は福島に思いを寄せることができた。閣僚の任にあった時に力及ばないことがあまりにも多かったが、福島の復興に対する思いを持ち続けてこの10年を過ごしてきた。月日が経過し、全ての人に福島のことを同じ温度で考えてもらうことはすでに難しくなっているかもしれない。しかし、首都圏への電力供給を目的に福島に原発が作られ、わが国の経済成長は原発なしには成り立ちえなかったことを思い起こせば、誰一人あの事故と無縁だと言い切れる人はいないはずだ。そしてこれからも世界が福島を忘れることは決してない。

新型コロナウイルスで社会が騒然とし、原発事故の記憶の風化が懸念される今こそ、福島を国民に問うべきだと信じ、本書を世に送り出す。それは政治家として福島の復興に関わり続けるという私自身の決意表明でもある。手に取って下さった皆さんが、一つでも福島のためにできることを見つけてくだされば望外の喜びである。

2021年3月11日を前に

目次

第2章　10年たった現場へ（対話：細野豪志　文責：開沼博）133

第3章

福島のために、わが国が乗り越えるべき6つの課題（文責：細野豪志）277

取材・構成／林智裕
装幀／スズキ・クモ（ムシカゴグラフィクス）
協力／原尚志（福島県立安積高校）
佐藤公彦　神戸暁彦

第1章

最前線の闘い

（対話・文責：細野豪志）

対話1：田中俊一氏（初代原子力規制委員会委員長）
対話2：近藤駿介氏（元原子力委員会委員長）
対話3：磯部晃一氏（元陸上自衛隊東部方面総監／陸将）
対話4：竜田一人氏（『いちえふ　福島第一原子力発電所労働記』作者）
対話5：森本英香氏（元環境事務次官）
対話6：緑川早苗氏（元福島県立医科大学放射線健康管理学講座／内分泌代謝専門医）

対話1：田中俊一氏（初代原子力規制委員会委員長）

田中俊一氏の名前を初めて知ったのは、原発事故直後に出された原子力の専門家による緊急提言を目にした時だった。田中氏を先頭に原子力の専門家が連名で出した提言には、「原子力の平和利用を先頭だって進めてきた者として、今回の事故を極めて遺憾に思うと同時に国民に深く陳謝する」と記されていた。事故翌月の4月に入ると、飯舘村で自らスコップを手にして除染作業を行う田中氏の姿があった。田中氏が福島県出身であることを知ったのは共に除染作業をした時だ。翌年の原子力規制委員会を創設する法案の国会審議は、国民の厳しい視線にさらされ困難を極めた。難産の末に法案は成立したが、委員会が行う原発の安全審査はさらに厳しい環境で行われることが予想された。あの重圧に耐えうる委員長は田中氏以外できなかったと今も思う。

＊

細野　田中先生は今も飯舘村に住んで福島の実態を見ておられます。先生のことが強く印象に残ったのは、3・11の後の3月31日に専門家の皆さんを率いて提案された時です。原子力の専門家の中で、当時あれだけ率直に謝罪をした方はいなかった。どういうお気持ちだったんですか。

田中　これだけの事故を起こしてしまったことについて、それなりの責任、国民に対する謝罪の気持ちを持つのはごく当たり前のことですし、他にも同じ思いを持っていた関係者はかなりおられたと思います。

細野　事故から10年が経とうとしている今、お伺いしたいのは、現場、東電本店、官邸を含めた政治の事故後の対応です。田中先生は間近でご覧になって、どう評価されていますか。私が当事者だったことは気にせず、率直にお話しいただきたいんですが。

田中　まず事故が起きた当初、きちっとした科学的判断が欠けていたと思うんです。その結果、放射線とか放射能に対する社会的不安が一気に増大しました。それが混乱の要因になって、未だに尾を引いています。

危機管理の基本は、科学にもとづいてしっかりと決断をすること。その決断力を発揮できるかどうかが、リーダーの資質だと私は思います。そういう点では、結果論かもしれないけれど、決して瑕疵（かし）がなかったとは言えないですね。

東京電力の傲慢さ

細野　当時、私が田中先生に原子力規制委員長をお願いしようと考えた一つの理由は、１９９９年のＪＣＯ臨界事故（※茨城県東海村にあ

田中俊一

1945年1月9日生まれ。福島県出身。東北大学で原子核工学を学び、日本原子力研究所（当時）で東海研究所長、副理事長を務めた。日本原子力学会会長、原子力委員会委員長代理を歴任。東京電力福島第一原発事故後に創設された原子力規制委員会の初代委員長を務めた後、故郷である福島県での生活を始めた。一部を除いて避難指示が解除された同県飯舘村に住まいを構え、村の「復興アドバイザー」を務める。

る核燃料製造における中間工程を担う企業・ＪＣＯの核燃料加工施設で起こった臨界事故。被曝事故による国内初の死者を出した）に関わっておられたことでした。ＪＣＯの事故と福島第一原発事故を比較して、気になることはありませんか。

田中　ＪＣＯは原子力業界の中では非常にマイナーな存在でした。一方、東電は日本の原子力を代表する存在です。しかしだからこそ、ＪＣＯ事故の反省を踏まえていれば、福島の事故は起こさないで済んだような気もします。

ＪＣＯの事故でも、東京電力は事故対応に力を尽くしたとは思いますが、しかし本当の意味での反省はなかった。あれは原子力業界の端っこで起こった事故だとか、事故を起こしたのは当事者であるＪＣＯに知識がなかったからだとか、そういうふうに言ってきたところがある。

でも福島の事故で分かったのは、東京電力の職員は、私から見ると知識も心構えも非常に欠けていた。技術に対する傲慢さが、トップから現場まであったと思います。

細野　とはいえ、東京電力は電力会社の中でも最大手ですし、人材も層が厚い。慢心はあったと思いますが、あれだけシビアな事故を乗り越えるだけの、人的な厚みもあったと思うんですが。

田中　それについては、私は若干疑問があります。実際に機器を作ってきたのは東芝とか日立ですから。東電は大会社であるがゆえに、現場もほとんど下請け構造になっている。だから、現場を知っているのはメーカーや下請けの人になる。こういう危機が起こった時に、立場にかかわらず総力を挙げて知恵を出し合うという姿勢が、東京電力には欠けていたと思います。

細野　なるほど。私も現場の近くにいましたが、確かに説得力あるアイデアを出してくる人はメーカーの人だったり、東京電力の中でも年配の、原発稼働当初から関わっていた方々でした。

田中　当時感じたのは、東電の中枢でそういう知恵のある人を集めて現場に送り込もうとか、いろいろな立場の人と一緒になって立ち向かおうという姿勢が、東電本店には全くなかったことです。

当時の武藤栄副社長が、菅直人総理と一緒に現場へヘリコプターで行って東京へ帰ってきましたが、あれが私は未だに信じられないんですよね。「私は残りますが、総理は帰ってください」と言うのが普通ですよ。本店とのつなぎ役をやるとか、吉田（昌郎、故人）所長のサポート役に回るとか……しかし、彼の性格なのか東電の社風なのか、どうもそういうところがあります。

ＪＣＯの事故の時、原研（原子力開発研究所）で私は東海研究所の副所長だったので、とにかく研究所のできそうな職員をみんな集めて、原研つまり自分たちの事故ではないんだけど、とにかく止めないと、と思って対応しました。そのうち、いろんな人が真夜中でも、ボランティアみたいに来てくれるようになった。やっぱり、そういう覚悟を持ってやらなきゃいけません。

「戻れるところへ避難しよう」

細野　福島の事故の時には、霞が関でもようやく力を結集できる雰囲気になったのが3月15日で、遅いと批判を受けました。その間、現場が孤軍奮闘していた状況は確かにありました。

その後、ようやく少しずつ落ち着きを取り戻して、循環冷却システムも機能して、4号機プールもなんとか大丈夫そうだ、となったのが5月頃でした。その時、田中先生はすでに除染の準備をされていましたよね。当時はまだ除染という言葉自体もほとんど誰も使っていませんでした。どういう発想だったんですか。

田中　福島の汚染がかなりひどいようだということで、とにかく状況を見に行こうと思って、飯舘村に4月の下旬に来たんです。それで、やはり生活空間を中心に除染が必要だと感じて、やり始めたんですね。

細野　私もその頃、もちろんサイト（原子力関連施設）の中もまだ大変でしたが、サイトの外側の影響をどう軽減していくかを考えなければ、と思っていたんです。先生と初めて除染をしたのは伊達市でしたかね。

田中　伊達ですね。飯舘村は4月11日に計画的避難区域になって、村長の判断で全村避難になりました。しかし6月の初めまで、少しですが住民が残っていたんですよ。

細野　その前に、私は飯舘村の菅野典雄村長に全村避難をお願いしていました。我々は「一刻も早く避難したほうがいい」という考え方だったんだけれど、菅野村長は非常に見識をお持ちで、「避難する時もちゃんと説得をして順番にやらないと、もう戻って来られない」と。戻ってくる時のことを考えてお話をしていたのが、非常に印象的でしたね。そうした避難の議論をしている時に、もう先生は除染をやられていたんですね。

田中　実際には、その議論をやっていた時はまだ、除染まではできていなかったと思います。ただ、あの当時は福島県立医科大学の山下俊一先生が「100mSv（ミリシーベルト）以下の被曝では、健康上の問題は起きません」という話をしていました。山下先生がそう言ったこともあって、帰る時のことを考えて、村から出ていってもいつでも来られるような距離にみんなで避難しようと菅野村長はお考えになったようです。

細野　それが今の飯舘村につながっているんですね。その時、ばらばらで違うところにみんな避難していたら、なかなか戻ろうということにはならなかったでしょうね。

田中　そうですね。今、飯舘村に戻ってきた人が１４００人ぐらいですが、他の人も近辺に住んでいるので、何か行事があるとみんな来られるんですよ。だから、コミュニティがなんとか保たれているんです。

細野　あの時、専門家も道が分かれたと思うんです。こう言うと語弊があるかもしれませんが、なんとか問題を解決しようと知恵を絞る方がいる一方で、マスコミに出て、ある種の人気を博する方と……。専門家でも、立場によって物の言い方とか判断が大きく変わってしまう。各自治体の町長さん村長さんによっても、その町や村の運命がまったく変わってしまうことも感じました。

田中　おっしゃる通りですね。時間が経つと忘れてしまうことなのかもしれませんが、繰り返しになりますけど、危機管理はやはり責任者、トップのリーダーシップにかかっていると思います。

「除染基準1mSv以下」が招いた誤解

細野　そういうリーダーシップを考えた時、私が田中先生を見習いたいと思ったのが、まさに除染についてでした。私が初めて除染作業をご一緒したのは7月で、その時にはやり方をかなり確立されていた。

当時はボランティアでしたが、私は人手が足りないと思って、環境大臣になってからは除染を国家プロジェクトとしてやろうとしたんです。その頃はまだほとんど事業化されていなくて、実証実験的なものに留まっていました。これを事業化するために全国の大手建設会社の方に来ていただいて、実用化研究をお願いしたことを今でもよく覚えています。

ただ一方で、除染の基準をどうするかという議論になって、持ち上がってきたのが、「追加的な放射線量1mSv」という基準でした。私もその頃には、1mSvが例えば健康とか、住めるか住めないかという基準とはおよそかけ離れたものだと分かっていたんです。しかし、福島県側としては、除染の目標は1mSvにしてくれ、という非常に大きな要望もあった。

それで、悩んだ末に「長い時間をかけて最終的に1mSvを目指しましょう」という基準を設けることになった。ただ、繰り返しになりますが、健康基準や居住可能の基準とは全く違いますよ、と強調したけれど、残念ながらなかなかそうは受け止めてもらえなかった。

田中 そうですね。飯舘の中でも議論はありました。「絶対に1mSv以下に」と言うと、飯舘はなかなか帰れるような状況になりませんよと。だから、せめて5mSvならある程度除染すれば帰れる、ということで、今でも「5ミリ」という判断の目安が飯舘村では生きている。村へ帰れるのがずっと先の未来ならいいけど、そうじゃないでしょう、ということで。しかし当時は、世間でもいろいろと言う人もいましたね。

だから、ちょっと厳しい言い方ですけど、やっぱり科学的な裏付けについては専門家がもっときちっとしたことを言わなきゃいけないと思うし、当時も私は、保健物理学会とか原子力学会が大事な時に何も言わない、役目を果たさないことに随分文句を言ったんです。やっぱり、いざという時に科学者が社会的責任を果たせないようじゃダメですよ。

細野　私がもう一人学者の中ですごく尊敬をしているのが、「低線量被ばくのリスク管理に関するワーキンググループ」で座長をやっていただいた長瀧重信先生です。長瀧先生も3月31日の謝罪に名前を連ねておられた。あの時、長瀧先生にも明確に言っていただいたのは、「年間100mSvまでは、科学的知見によれば健康被害は出ていない。ただ、できるだけ被曝量は下げていくべきだ」と。除染にも対象に優先順位を付けて、長期的に1mSvを目指す、ということを明確に示していただいたのは非常に心強かったですね。本当に専門的な知識を持っている人が、両論併記ではなくて、ちゃんと結論を出す。しかし、こうした仕事をやっていただける専門家は本当に少ない。

田中　少ないですね。そういうリーダーをいろんな分野でつくらないとだめだと思うんです。

「除染土壌」の現在とこれから

細野　飯舘村の長泥地区では今、放射性物質を含む土砂の再利用が行われています。福島県内の除染廃棄物は、今、大熊町と双葉町の中間貯蔵施設に土が運ばれていますが、飯舘村に関しては運んでいるものもあるけれど、一部は村内で再利用している。これを田中先生もサポートされていますね。

田中　はい。福島県には2000万袋（2000万㎥）くらいの除染土壌があって、飯舘村にはその10％があるんです。

細野　10％もあるんですか。

田中　当初は250万袋くらい、可燃物を除いても200万袋ぐらいありました。避難解除になっても、除染土壌は田畑の真ん中にずっと置かれているわけです。これを全て大熊町や双葉町の中間貯蔵施設に運び、その後30年以内に県外にまた持ち出します、ということになっているんです（※除染廃棄物は双葉郡大熊町と双葉町内に造られた施設で中間貯蔵された後、30年以内に福島県外に運び出して最終処分する予定）。

しかし、放射性セシウムは粘土系の土壌に捕らえられるとほとんど動きませんから、きちっと管理処分すれば安全上の問題はない。加えて、放射性物質は化学物資と違って、時間が経てば半減期によって減っていくため、わざわざ県外に運び出すのは非合理的です。身近なところで安全に処理することが大事です。

細野　除染の基準は、本来1kgあたり8000Bq（ベクレル）ですよね。

田中　本来はそうなんですが、なんとなく5000Bqが基準になっているんです。なので、それ以下のものはできるだけ再利用につなげたい。そうすると、中間貯蔵施設で処分しなければならない土壌は半分弱ぐらいには抑えられるでしょう。

細野　おそらく今、大熊町などで貯蔵されている土も、ほとんど8000Bqを下回っているんじゃないでしょうか。ただ、重要だと思うのは、このプロジェクトが飯舘村できちんと受け入れられるかどうか。受け入れられれば、他地域での展開もできるでしょうし、受け入れられなければ膨大な土をどう処理するかという問題になってくる。ものすごく重要なプロジェクトだと思うんですよね。

田中　私も環境省には、これは飯舘村だけのためにやっているのではなくて、国、福島県、他の県も含め、後始末の道を拓くための取り組みだということを申し上げています。

そこをいつまでも曖昧にしておくと、結局、どこかで行き詰まってしまう。大熊町や双葉町も、いずれ自分たちの地域から土を運び出せると思っているわけです。しかし、将来的に県外への搬出ができなくなる、大熊や双葉が最終処分地になってしまう可能性もある。そうなる前に、処理できるものは各地で安全に処理して、利用できるものは利用しよう、ということにしたい。除染と運搬の費用だけでも大変ですし、すでに双葉郡の中間貯蔵施設にかなり運ばれてはいるものの、除染土壌はまだまだ残っています。環境省はあと1～2年で運ぶと言いますが、本当にできるのかも分かりません。

細野　中間貯蔵施設自体は確かに動きだしてはいますが、当初の私のイメージと今の姿は、正直、少し違うんですよね。

福島県としては「中間貯蔵」だから受け入れるのであって、「最終処分場」であれば首は縦に振れない、という前提があった。それはよく分かるので、当初考えていたのは、どんどん溜め込むのではなく、安全性を確保できたものから再利用する。どうしても処理できない高レベルのものが残る可能性はありますが、オンサイト（原子力施設内部）には、さらに高レベルのものも相当ありますよね。

田中　はい。

細野　燃料デブリ（※原発事故によって原子炉燃料が溶融し、原子炉構造材や制御棒と共に冷えて固まったもの）で溶けているものは簡単に処理もできない。そこも含めて、放射線量の高いものをどうするかは、ある段階でまた次の策を考えなければならない。当初から私はそう思っていたし、そういう提案もしたんです。ただ現実的には再利用が進まず、除染土がどんどん溜まっている。半減期などの要因で放射線量が下がっていたとしても、行き先がなくなっていますよね。

もちろん、生活空間や学校の近くに置いておくのは精神的な部分も含めていいことではないので、いったん運び出しが必要なものもあるけれど、安全性を確保できたものについては活用していく道筋がないと、本当に出口がなくなってしまいます。

田中　これは、目の前にある現実の問題をどう処理するかということなんですね。安全上の問題があるなら、それはきちんと報告して対応しなきゃいけない。けれども安全上の問題がないなら、要するに気持ちの問題だったら、やっぱりそれを乗り越えないと事態は動かない。私も飯舘村に住んでみて分かったのですが、現地に住んでいる人はある程度合理的に考えているところもあると思うんです。

決断から逃げ続ける政治家

細野　中間貯蔵施設・除染土再利用と似た問題として、福島第一原発の処理水を海洋放出するか否か、という問題があります。そちらも答えを見出していかなければならない。本音のところをお伺いしたいのですが、一番初めに処理水の海洋放出について「大丈夫だ」とおっしゃったのは、田中先生ですよね。

田中　他に方法がないんだから、ちゃんと希釈廃棄するべきだ、量的にも諸外国と比べて飛び抜けて多いわけではないんだし、と言ったんですが、結局政治は、私に言わせて逃げたんですね。

細野　決めきれなかったと。一時期、機運は高まりましたが。

田中　当時私が海洋放出を申し上げた時、福島の漁協も、ある程度はやむを得ないだろうという結論に達していたんですよ。後はもう、問題が起きたら政治が責任をとります、と言ってもらえればいいんだ、と。官邸まで私、行ったんですよ。

細野　お辞めになる随分前ですよね。

田中　原子力規制委員長に就任して2年目、2014年頃ですね。それで当時の経産大臣が、「じゃあ私がやる」と約束したから、これで片付くと思ったら、やらなかった。そしてその後、「汚染水処理対策委員会」ができて。

細野　何年も議論が続きましたね。

田中　そこで有識者がきちんと判断できず、結局今に至るまで結論が出ていない。

細野　平時と有事の判断の違いもあると思うんです。有事の時は判断せざるを得ない状況に追い込まれた。しかし今は平時になっているので、結論を先延ばしできてしまうわけですよね。

「先送り」がもたらした2人の殉職者

田中　凍土壁（※地中に凍らせた土で壁を作り、地下水の流入や土の崩落を防ぐ技術。福島第一原発における汚染水の増加を抑えるための対策として、2013年に国と東京電力が大規模な凍土壁の設置を決定した）って作りましたよね。

細野　はい。

田中　維持するのに年間20億円もかかる。作っている当時は、まだ私が規制委員長でしたから、各自治体に説明に回っていたんですが、「これができたら、皆さんトリチウム問題なくなると思いますか？」と訊いたら「思う」って答えるんですよ。私は「なくなりませんよ」と言っていたんですが、やはり今もなくなっていません。

細野　トリチウムは除去できませんからね。

田中　自然界にも大量にあるものですから、減らすことはできても、なくならないものなんですよ。

それに、凍土壁の工事では作業員が1人、感電で亡くなっています。貯水タンクを作っている最中にも、タンクから落下して1人亡くなっている。トリチウムの海洋放出を先送りにしたことで、2人が殉職しているんです。そういう人命と、何千億円というお金が費やされている。そういうことも踏まえて判断するのが有識者の使命だと思うんです。

細野　こういう問題を考える時に皆さんに知っていただきたいと思うのは、処理水を福島第一原発の敷地内であれだけ保管し続けることのコストはもちろん、リスクの大きさですね。漏れ出すリスクが常にあって、台風や竜巻、場合によってはまた津波が来るかもしれない。もうスペースが残っていない中で、さらに増えるとデブリを置くスペースを圧迫する可能性もありますよね。

田中　そうですね。もし何年も長期保管を続けるなら、耐震も評価し直さなきゃいけない。

細野　耐震基準をクリアしていないんですか。スロッシング（※タンクなどの容器内の液体が外部からの比較的長周期な振動によって揺動すること。この揺動により、構造が破壊されたり、液体が容器から溢れ出る可能性がある）が怖いと聞きましたが。

田中　耐震基準は全然クリアしていません。そういうことも含めて、きちんと規制をクリアしているわけではない。あくまでもテンポラリ（一時的）なものなんですよ。

細野　２０２２年にタンクは満杯になると言われています。これ以上先延ばしにすることは許されないことであり、人的、コスト的なリスクも大きいことをどうやって社会に分かっていただくかですよね。そろそろ政治が決めなければいけません。

田中　政治決断が必要な局面は、とうに過ぎてしまっているんです。それをズルズルと先延ばしにして、無用な社会の混乱と浪費を招いているとしか思えない。タンクも１基につき１億円を超えるコストがかかっていますが、いずれは全て廃棄物になるんですから。

食品摂取基準が風評を生んでいる

細野　もう一つ先生とお話ししたかったのが、風評被害についてです。私も地元の静岡の人を福島に連れて来たり、福島のおいしいものを皆さんに勧めるようにしています。果物も魚介類も、ものすごくおいしい。田中先生は福島のご出身で、今も住んでいますから、地元の皆さんの気持ちも分かっておられるんじゃないですか。何か風評解決に向けたお知恵はありますか。

田中　風評被害の一番の障害は、食品摂取基準だと思うんです。

今、食品１kgあたりに含まれる放射性物質の基準値は１００Bqになっています。しかし国際的には、１kgあたり１０００Bqです。１００Bqという基準を決める議論をした、厚労省の食品安全委員会では当時、「国産のものは100%汚染されている」という前提があった（※環境省「放射線による健康影響等に関する統一的な基礎資料（平成26年度版）」第4章　食品中の放射性物質Q＆Aによると、日本の基準値は放射性物質を含む食品の仮定値50%が前提とされている）。

でも、そう決めた時でさえ、もう福島の食品全体の中で1%も汚染されていないことは分かっていたんです。実態を知りつつ、我が国の食品の半分は輸入で、輸入品は汚染がゼロ、しかし、国産品は100%と仮定している。すべて承知の上で100Bqと決めた。これは理由はともかく、私は、率直に言って犯罪的だったと思っています。

細野　厳しいですね。

田中　でも、それこそが政治の力量の問われるところだと思うんです。

細野　当時はあくまで一時的な基準だ、という意識がもしかするとあったのかもしれません。でも結局、その時の決定が延々と影響力を持っている。

田中　そうです。例えばヒラメが1kgあるとして、150Bqのものが1匹でも見つかったら絶対にダメ、他のヒラメも全てダメとか、そういうことをやっているんですよ。

細野　実際には、今では放射線が検出される事例自体が非常に稀ですよね。

田中　お米だって、毎年1100万袋以上測って、（基準値超えは）1袋も出ていない。「測るだけで、毎年50億円のお金がかかっているのを知っていますか」と言うと、誰も知らないですよ。科学とはファクト、データですから、それに基づいて基準を定めないと風評はなくならないと思いますね。

細野　そこは国、政治の役割ですよね。国が基準を正常な状態に戻す。

田中　そうです。コーデックスの国際基準が1mSvだから、1mSvでいいと私は思います（※コーデックス委員会［CAC］は、国際連合食糧農業機関［FAO］と世界保健機関［WHO］が1963年に設立した、食品の国際基準［コーデックス基準］を作る政府間組織。食品からの追加線量の上限を1mSv／年としている）。

細野　そもそも、その「年間1ミリ」でも、ものすごく安全サイドに立った厳しい基準です。しかし日本では「毎日汚染された食品を食べる」という非現実的な想定をおいて、100Bq／kgという基準を作っている。

田中　きちんと測っていることは間違いないんだから、ファクトに基づいて、国際的な普通の基準に戻す。これをやっていただければ、福島の風評はほとんど回復すると思いますね。

「原子力宗教」からの脱却

細野　最後に大きな課題についてお聞きしたいと思います。田中先生が原子力規制委員長の時に、いくつかの原発を再稼働されましたよね。

田中　はい。

細野　高浜（福井県）、伊方（愛媛県）、あとは川内（鹿児島県）ですね。この3つのサイトの5つの原発を、安全なものについては再稼働を認め、リスクのあるものについてはきちっと判断する、と。ずばり田中先生は、これからの日本の原子力はどうあるべきだと思いますか。

田中　もちろん最終的には国民の判断です。しかし日本のエネルギーの需給状況をみると、今は90％以上を海外の化石燃料に依存しています。再生可能エネルギーが増えていると言ってもまだまだ。その地政学的リスクはやっぱり拭えない、という判断材料がまずあります。

それから、気候変動問題。温室効果ガスの問題が今、喫緊の議論として出てきている。温暖化の解決を優先するのか、原子力のリスク回避を優先するのかという時、やっぱりここは、国民的議論をすべきだと私は思うんです。その上で、私は個人的には、原子力発電に一定期間は依存せざるを得ないと思います。

ただし、私はよく「原子力宗教」と申し上げるんですが、2000年、3000年先の未来まで、原子力のエネルギーで賄(まかな)うと言う人が未だにいるんですよ。燃料サイクルにこだわって。それは、ちょっと行き過ぎだと思います。

細野　核燃料を再処理して、再びエネルギーにできると。

田中　今の軽水炉をきちんと安全に運転していくことだけでも、国民に受け入れてもらえるかどうかの瀬戸際ですから、それができないようなら到底ダメです。それに、原子力の技術基盤と人材は、もう1回基礎から作り直すべきだと思います。今はそれが失われつつある。実は電力会社や研究機関も、そこを非常に不安に思っています。

大学の原子力関係の学科は、昔は旧帝大＋東工大にあって、私がいた日本原子力研究所は、かつて職員数が2000人くらい、ドクターを持った研究者だけでも500人以上いた。それが今では、壊滅と言っていい状況です。

その後、国が動燃サイクル機構を作って、半ば国策として事業を増やした。でもどんどん悪い方向に行って、お金だけ使って疲弊して……。

細野　結局、官でやったほうがうまくいかなかった。

田中　そうです。「もんじゅ」（※高速増殖原型炉もんじゅ。高速増殖炉実用化のための原型炉として建設されたが、冷却用ナトリウム漏れ事故等のトラブルにより、ほとんどの期間は運転停止されていた。２０１６年12月21日、廃炉が正式決定された）を潰したのは私だってよく言われるんですけど、あれは自滅したんですよ。１兆円使って50年かけてできないような技術にこだわること自体が、やっぱりどこかおかしいんです。その判断ができないところが、原子力業界の病根ですね。

徹底的な反省がなければ未来はない

細野　原発そのものは未来永劫、ずっと依存できるエネルギー源ではない。

田中　とはいえ、相当な長期間は必要だと思うんですよ。再生可能エネルギーでやればいいという方もいますが、まだ発電効率が大体20％ぐらいですよね。

細野　長期とおっしゃるのは、数十年ですか？

田中　50年から１００年ぐらいかもしれない。

細野　50年から１００年、今ある原発や関連施設を安全に運営していくためにも、廃炉を進めていくためにも、本気で人材を育てることが原発事故を起こした日本の責任でしょうね。

田中　燃料サイクルに関しても、すでに世界では技術的な限界がある、そんなことをする必要はないという判断になっています。そういう過去を徹底的に反省してようやく、原子力利用そのものの将来があるかどうか、というところですね。

細野　福島第一原発事故から10年となります。だんだんと、この事故そのものを知っている政治家や専門家も少なくなってきますよね。その中でも、しっかりと廃炉に向かって厳しく見守りつつ、人材の重要性を言い続けるという役割は、田中先生以外にはなかなかできない仕事だと思います。

田中　原発にかかるお金に比べたら、人材の養成に必要なお金は、たいしたことないんですよ。「もんじゅ」は50年で1兆円ですから、毎年200億円。その10分の1もつぎ込んだら、充分すぎるほどです。あとは政策、政治の問題ですね。

細野　これからの日本のエネルギーの行方についてもぜひ、福島から睨(にら)みを利かせていただいて、どんどん提案をしていただきたいと思います。

田中　できる限り、息の続く限りやりたいですね。細野さんもおそらく、政治家として貴重な経験をされたわけですから、ぜひよろしくお願いします。

対話2：近藤駿介氏（元原子力委員会委員長）

あの記憶は今も鮮明だ。衝撃の1号機建屋の水素爆発の後、最も懸念された3号機建屋の水素爆発を防ぐことができず、謎の4号機の水素爆発に続き、原発敷地内で火事が発生。現場の作業員の動揺はピークに達し、政府もなす術がなかった。3月17日の自衛隊ヘリによる放水の実行により、わが国は何とか踏みとどまったものの、坂道を転げ落ちるような日々の中で私はアプローチを変える必要性を感じていた。米国が懸念していたように大量の核燃料が置かれている4号機のプールの水が空になった時、わが国に一体何が起こるのか。それを防ぐためにやらなければならないことは何か。万が一それが現実のものとなったら……。それでもなお我々にできることは何か。これまでほとんど取材を受けてこなかった近藤駿介氏だが、あの時を振り返る上で「最悪のシナリオ」はどうしても欠かせない。私の申し出に近藤氏は重い口を開いた。

＊

細野 高レベル放射性廃棄物の最終処分を取り扱う原子力発電環境整備機構（ＮＵＭＯ）という組織のトップであり、３・11当時は原子力委員会委員長を務めていた近藤駿介先生からお話を伺いたいと思います。近藤先生は、東京大学工学部で長年教鞭をとられた日本有数の原子力の専門家です。

原子力委員会は原子力政策を決める組織（内閣府におかれた諮問委員会）で、規制側の立場ではなかったわけですが、事故が起こった当時に委員長として何をお感じになったのか、伺えますか。

近藤　まず「原子力安全委員会」と「原子力委員会」の違いから説明しますと、当時は原子力委員会に並立して設置されていた「原子力安全委員会」が、原子力災害が起きた際、総理のアドバイザーとして災害対策本部における防災対策の立案などにあたることになっていました。一方、「原子力委員会」には、原子力災害対策に関わる役割の規定はありませんでした。

ただ、私は原子力委員長をお引き受けするまで大学で原子力工学の研究・教育に従事し、特に原子炉の事故についての確率論的リスク評価技術を専門にしてきました。行政組織の技術顧問も長く勤めていましたので、原子炉の過酷事故（シビアアクシデント）に関する知見は有しておりました。

２０１１年3月11日は、地震が起きてすぐ、これは尋常ならざる事態だと感じ、委員会事務局に連絡して、太平洋岸に立地している原子力発電所が安全停止したかどうかを調査・報告することを求めました。しばらく経って、テレビで津波が迫っていることを知り、どうなることかと気をもんでいたら、福島第一原発が全交流電源喪失に至ったとの知らせが入った。そうなると、絶対に維持しなければならない停止時炉心冷却機能を確保する手段が限られてしまいます。現場の皆さんの安全を念じつつ、その日は帰宅しました。

「最悪のシナリオ」までの2週間

細野　私は11日から官邸に詰めて、15日から東電本店で対応しましたが、当時は原子力安全・保安院と経産省、エネルギー庁が混然一体としていて、原子力に詳しい人間はほとんど東電に集まっていたわけですね。

そのとき、多くの原子力系官僚が近藤先生の知見を聞きたいと話しているのをよく耳にしました。原子力の安全規制行政は原子力安全委員会と保安院がやっていましたが、原子力委員会のトップである近藤先生を頼る声が現場では多かった。

近藤 私は原子力委員会の委員長に就任する前、通産省原子力発電技術顧問として、安全確保に関するルール作りや安全規制行政の方針決定、評価などの作業に意見を述べていました。当時の原子力安全委員長の班目（まだらめ）春樹先生も、その前には私と一緒に技術顧問をしていました。

細野 私が近藤先生のところにお邪魔し始めたのは、おそらく3月16、17日あたりからでしたが、それから連日、状況を報告してご意見をいただいていました。当時は参与がたくさんいて、様々な意見があったんですが、一番実務が分かって頼りになるのが近藤先生だとの思いがありましたので、通い詰めたのを今でもよく覚えています。

近藤 毎朝8時にいろいろな方がお集まりになりましたよね。それぞれが重責を担われている方ばかりですから、基本的な認識だけは共有しないといけないと考え、私は毎朝紙一枚に現状認識と課題をまとめ、

近藤駿介

1942年7月26日生まれ。東京大学工学部原子力工学科卒業、東京大学大学院工学系研究科博士課程（原子力工学専攻）修了、工学博士。東京大学工学部教授、東京大学原子力研究総合センター長を歴任。原子力委員会委員長当時、東京電力福島第一原発事故においては菅直人総理の依頼で「最悪のシナリオ」を作成。現在、原子力発電環境整備機構（NUMO）理事長。

お配りしていました。

細野　しかし、時が経つにつれて事態はどんどん悪化していった。そうした中で、本当の最悪の状況に陥ったとき、何をやらなければならないかを考える必要が出てきた。そこで政府として、近藤先生に「最悪のシナリオ」を作ってください、とお願いすることになりました。それが確か、3月の20日か21日です。

当時、近藤先生には「数日で作ってください」とかなりの無茶を申し上げたのに、25日にはかなり詳細なシミュレーションを出していただき、驚きました。

近藤　実は、お引き受けした大きな理由の一つは、アメリカ政府が独自に出したシミュレーションに違和感を抱いたことでした。

アメリカ側は、事故の被害状況が毎日拡大していた上に、日本側から情報が入らず、どう対処すべきか分からなくて苛立っていたようです。ですから私は、保安院や安全委員会に対して「情報発信をしっかりすべきだ」と申し上げていました。

そうしたら、アメリカの原子力規制委員会（NRC）が、放射性物質が飛散する距離と予測される被曝線量の計算結果をホームページに出したんですよ。在日アメリカ人に警告を出すためには致し方ないと思いましたが、計算の前提が明確でなかった。そこで、日本側も適切な仮定のもとに計算を出して、そこは誤解だとか、そこは合ってるといったやりとりをアメリカ側とできるようにするべきと思い、安全委員会の事務局に詰めていた、この種の計算の専門家である日本原子力研究開発機構（JAEA）の本間俊充氏に分析を相談したんです。それで、彼が解析プログラムや放出放射性物質量、気象データなどを整え始めてくれた。

総理官邸に呼ばれて、菅直人総理から「最悪のシナリオ」を作成できないか、と言われたのはその最中でした。私は反射的に、「今起きていることが最悪ですよ」と申し上げたんですが、当時起きていたこと以外にも心配なことがなかったわけではないし、本間氏に解析の準備はお願いしてあったから、「1週間くださるならやってみましょう」と申し上げて退出したのです。

その時は班目委員長も一緒だったので、帰りの道すがら、「安全委員会で（シナリオ策定を）やらないのか」と聞いたんですが、それどころじゃないという雰囲気だった。そこで翌日、プランB検討チームを発足させ、シナリオ作りを始めたのです。

もし4号機が持ち堪えられなければ

細野　政府としては、「本当の最悪は何か」を明確にしておきたかったんです。「爆発はしません」と言った直後に、1号機が爆発しましたよね。その後、今度は「3号機の爆発をなんとか止めましょう」と言ったそばから、3号機と4号機も爆発した。つまり、最悪だと思っていたことがそうではなく、さらに悪い状況になっていくという状態だったわけです。

近藤　シナリオを作るにあたっては、プラントの構造を知っていて、内部の状況を推測できる人とともに、冷却が失われたプールで燃料が溶けてプールの床を壊しつつ放射性物質を放出していく過程を、地震からの経過時間に沿って解析していきました。これはＪＮＥＳ、原子力安全機構という保安院のシンクタンクがあるのですが、そこの知己の専門家たちに直接電話で相談して、お願いしたのです。状況や構図がちゃんと分かっていて、信頼できる人材に「一本釣り」で声をかけ、知恵や解析結果を出してもらって筋書きをまとめていきました。

それを踏まえて、放射性物質がどれだけ放出され、どう拡散していくかについては、先に申し上げた本間氏に、シナリオができたらすぐ計算に掛かれるように準備をお願いしました。ＪＡＥＡ東海研究開発センターの彼のチームが、データの準備をおこなっていたと記憶しています。

細野　ＪＡＥＡや原子力規制委員会の優れた人材を原子力委員会委員長が直接束ねて、知恵を絞った。普通ではあり得ないことですね。

近藤　例えば「4号機はどう壊れるのか」という予測には、原子力構造物の専門家の意見が必要ですから、個別に相談に乗っていただきました。「最悪のシナリオ」の前提は、当時すでに爆発を起こしていた1号機が、さらに破損して格納容器が損傷し、蓄積されていた放射性物質が漏れ出すという事態でした。それ自体はさほど大きな被害をもたらすわけではないけれども、現場での作業ができなくなり、結果として4号機のプールが空になってしまう、というシミュレーションです。

1号機は炉心溶融が進んでいて、揮発性の放射性物質は格納容器から漏洩してほとんど外に出ていますし、2号機も3号機も格納容器からリークしているようでしたから、これ以上放射性物質が出てくる可能性は少ないと考えるのが普通です。しかし、それを踏まえてさらなる「最悪」を考えなければなりませんから、皆さんのご尽力で一応は安定していた4号機が、安定状態を維持できなくなるとすれば、というシナリオを想定したわけです。

そこで、「もう一度地震が起きて水素爆発が発生する」「プールの使用済み燃料に不測の事態が起きる」などの要因で、放射性物質がサイトの環境を汚し、4号機のプールの冷却が不可能になってしまい、大量の放射性物質が放出されるという想定を「最悪のシナリオ」としました。

細野　その後、実際には4号機の使用済み燃料プールは干上がることを免れましたが、当時、私が頻繁にやり取りしていたアメリカ政府の懸念も、やはり4号機の燃料プールの状況に集中していました。近藤先生の策定したシナリオは、現実的にあり得ないほど厳しい前提を置いてはいたものの、事態を分析するうえで非常に大きな意味があって、その後の政府の対応に影響を及ぼしたんです。

近藤　当時、アメリカ政府と米国原子力規制委員会（NRC）の合同チームのトップとして日本に来ていたチャールズ・A・カストー氏は、『STATION BLACKOUT : INSIDE THE FUKUSHIMA』という著書で、私のことを「専門家としておかしい」「1号機、2号機、3号機はもう出がらしだというのに、何かもっとひどいことが起きて、4号機にアクセスできなくなることを想定している。事態に怖気付いて判断が鈍ってしまうインテリの習性だ」と書いています。しかし彼は、総理の要請に基づいて、私があえて策定したシナリオということを知らなかったのでしょう。

細野　私はカストー氏から、アメリカ側が想定した「最悪のシナリオ」を見せてもらったんですが、彼らのシミュレーションも日本側のものと最終的にはかなり近かった。違いは、近藤先生が出したものは「1号機の損傷」をきっかけとしているのに対して、彼らは4号機のプールそのものが何らかの形で干上がると想定していた。

近藤　私も彼に、アメリカが想定している線量分布図をちらっと見せてもらったのですが、放射性物質の大規模放出が起きて、その上で（米軍基地がある）横須賀へ向かって強い風が吹く前提で計算していた。後でアメリカ側の計算の担当者から、「それでもこんなものだ、慌てふためくことはない、という判断をこれで共有できた」と聞きましたが、当時は別の反応を示した人もいたようです。

細野　実は、4月の頭くらいまでアメリカ側は「4号機のプールは破損している」と主張して、日米で大論争が起きていたんですよね。

近藤　日本は早くから4号機の上にヘリを飛ばして確認していたので、プールにちゃんと水はあると判断していたんですが、カストー氏の著書によれば、アメリカ側はそうは判断しなかったと。

細野　最終的にはコンクリートポンプ車で実際に4号機のプールから水を採って、「放射線量には異常がない。プールが干上がっていたらこんなことはあり得ない」とアメリカ側にも確認してもらったんですよね。最初は「水は元から入っていたんだろう」とか「雨が入ったせいで線量が低いんだ」とまで言われて、日本は非常に憤(いきどお)った。もう一回採って示して、ようやく納得したという経緯がありました。

「東京も危ない」国民の混乱

近藤　アメリカ側は、原子力規制委員会委員長が早い段階で「プールが損傷している」と発言してしまった。そうなると、部下は余程のエビデンスがないかぎり、「あれは誤解だった」と言うこともできなかったんでしょうね。

細野　ただ客観的には、4号機にはあれだけ新しい燃料がいっぱい入っていて、外から見ると建屋もボロボロだった。本当に大丈夫か、という懸念は世界中に広がっていましたから、それに日本はきちんと答える必要がありました。

近藤　おっしゃる通りですね。

細野　今回、このシミュレーションを改めて見直してみたのですが、かなりショッキングな内容だと感じました。

線量の上昇は緩やかですから、いきなり避難が必要になるわけではない。ただ、数カ月かけて放射性物質が広がって、福島第一原発から１１０㎞までの範囲については避難要請、２００㎞までは自主的に避難したい人については認めざるを得ないくらいの線量まで上がる、という想定だった。２００㎞というと、東京の一部が入ります。もちろん、非常に厳しい想定ではあったわけですが、当時は国民の混乱もありました。どう受け止めればよかったんでしょうか。

近藤　各地の汚染状況の分布図を「これが結果です」とお渡しするだけでもよかったのですが、何か説明をつけたほうがいいだろうと。そこで、チェルノブイリ原発事故の後にソ連から独立したベラルーシが、「年間被曝線量が5mSv増加すると予測される地域の人は避難させるべき。１mSvある地域の人には移住する権利がある」という、世界標準からすれば厳しめのルールを設けていたので、これを当てはめた図をお渡ししたのです。

世界で一番厳しい基準を使ったので、移住希望を認める範囲に首都圏どころか箱根の山まで入ることになったのですが、そこは、「この厳しい基準を当てはめると、こういう結果になります」という前提条件をお示ししたつもりでした。伝聞や報道の過程で、その前提がきちんと伝わったかどうかは分かりませんが。

すでに「最悪の事態」は起きていた

細野　近藤先生が中心となってまとめた、福島第一原発事故の「最悪のシナリオ」は、かなり厳しい内容となりました。国民にも非常に重く受け止められたわけですが、発表当時、近藤先生ご自身はどう考えていましたか。

近藤　繰り返しますが、当時起こっていた事態がすでに「現実的な最悪」でした。1、2、3号機の建屋からは、ほぼ出がらしになるまで放射性物質が放出されていましたから、あとは4号機によほど大きな異変が起こらない限り、それ以上悪い事態にはならない。あのシナリオはあくまでも「考え得る可能性全てを、半ば無理矢理合わせて想定した最悪」でした。可能性は低いけれど、全てが最悪に向かえばここまで行く、というものです。

ただ、皆さんに「最悪でも被害はここまで」ということを知っていただくのがいいだろうと思ったのと、被曝線量の想定算定基準を非常に厳しくしたので、この基準自体にも議論が起こるに違いないと私は考えていました。つまり、シナリオの取り扱いについては、政治の役割としてお任せしようと考えたわけです。

もっとも、条件の説明をもう少し補足するべきだったとは思います。普通は背景の補足や詳細な説明があることを前提として資料を作るわけですから、舌足らずというか不完全であったかなと反省はしています。

細野　ただ、やはり「最悪のシナリオ」にはちゃんと意味があって、これに基づいて4号機のプールや内部のリスクシミュレーションを徹底的にやったんですよね。それで、恐らくは大丈夫だろうという結論に至った。しかし、建物の損傷はかなり激しかったので、補強のために相当手を尽くしました。完全な補強ができて、「最悪のシナリオ」回避を本当の意味で確信できたのは、6月に入ってからでした。

近藤　補強作業中も、万が一に備えて、遮蔽（しゃへい）になるようなものをリモートでかけられる設備を用意していただくこともお願いして。あれも残骸が9月くらいまで残っていましたよね。

細野　4号機がいかなる状態になっても、とにかく水を入れ続け、外に漏れないようにする仕組みを準備しました。それらをちゃんと検討し対応してくれた、専門家や現場の皆さんには本当に感謝しています。2011年の夏は、万が一の事態に「備えるだけで済んだ」、感慨深い時期でした。

ところで、福島第一原発事故からもうすぐ10年が経ちますが、事故対応への総括的評価について、近藤先生はどうご覧になっていますか。

近藤　一言で言えば、現場はベストを尽くした、と思いますね。あの過酷な環境の中で吉田昌郎所長をはじめ、たくさんの作業員の方々が踏みとどまって、被害を抑えてくれたことは、素晴らしいと思います。

ただ、問題があるとすればサポート体制でしょう。東京電力の体質かもしれませんが、例えば電源車一つ用意するにしても、社内での調達にこだわって時間がかかったり、結局届かなかったりした。

細野　届いても接続がうまくいかなかったりしましたね。

近藤　救援要請はなるべく大きな声で、広く求めるのが危機の鉄則です。そういう声をどこまで出したのかと。例えば自衛隊や米軍など、要請がかかれば即応できる組織が多く待機していたにもかかわらず、充分にその力を生かすことができなかった。特に1号機が爆発する段階までに、どこまで適切な救援要請ができていたかが大きいですね。そこは吉田所長のせいというより、東京電力本体の問題だと思います。もう一声出せなかったのかなと。

　管理部門と現場のコミュニケーションの難しさが制約条件だったとすれば、そこが一番大きい課題だろうと思います。日が経つにつれて、しかるべき人が次第に動きはじめたものの、やっぱり初動が一番大事ですから、多く人の力を迅速に集めるための仕組みができていたかどうかは、反省すべき点ですね。

細野　3月15日には、ほぼ全ての力が集結してオールジャパンの体制になり、さらにアメリカの助力も加わったのですが、問題はその前までの最初期段階ですね。

近藤　そうですね、そういうことです。

細野　現場で本当に必要なことがどれくらい東電本体に伝わって、さらに他の電力会社や政府に伝わったかといえば、正直言って行き違いの連続でした。そこまでに何か手を打てていればというのは、おっしゃる通りだと思いますね。

孤立した現場作業員

近藤　似たような問題が、オフサイトセンターでも起きていました。福島第一原発から５㎞離れた場所に設けられたオフサイトセンターは、１９９９年のＪＣＯ臨界事故の後、原子力防災計画の見直しに伴って整備されました。代替電源や遮蔽・換気装置なども設計段階では置かれるはずだったんですが、実際にはどこまで実現していたのか疑問です。私はルール設計のお手伝いはしましたが、役人ではないので、実際に完成した物のチェックはできていないんです。

結局、現実に事故が起こったら、オフサイトセンターからは救援要請のアナウンス一つないまま、みんな静々撤退してしまったわけでしょう。

細野　オフサイトセンターからの撤退は大きな論点ですよね。あれは原発からの距離が近い上に遮蔽もされていなかったので、もちろんシビアな状況の中で下された判断ではありますが、それでも非常時に何ら手を打てなかったというのは、根本的な反省が必要ですよね。

近藤　オフサイトセンターは、非常時には放射性プルーム（雲）が上空に来る前提で運用が考えられていますから、まったくどうしようもないという話ではなかったはずなんです。ルールを作った立場からすると、チェックと運用がどこまでなされていたかが問題だと思います。

細野　３月11日から15日までは、吉田所長を筆頭に現場の作業員がほぼ孤立状態で、孤軍奮闘する形になってしまったわけです。しかも、サポートは東京からで、物理的にも距離が遠いという問題がありましたね。

近藤　交通手段が寸断されている問題もありました。ですから今後は、外部の救援がない前提でも持ちこたえる防災対応の仕組みの整備が要求されるでしょうね。

専門知を政治とどうつなぐか

細野　最後に、科学と政治の連携という問題を語る上では、現在の新型コロナウイルス危機を避けて通ることはできません。これから、3・11の経験を踏まえて専門家の知見をどう活かし、いかに行政・政治とつないでいくかが重要になってきます。近藤先生は、新型コロナウイルス対策における専門家と政府の対応をどうご覧になっていますか。

近藤　報道されてきた専門家会議と政府諮問委員会の議論を見ただけですが、専門家は政府に対して的確なアドバイスを出しているように思います。ただ問題は、議論の中身が国民から見えにくいことです。

世の中がこれだけ情報社会となり、今や新型コロナウイルスに関しても、専門家なり政府の意思決定について世界中からいつでもアクセスでき、利用可能なわけです。専門家会議・分科会の専門家は一生懸命やっておられるし、適切なアドバイスをしているとは思いますが、なぜそうなったのか、何を議論して方針を決めたのかが分からない。

人々は情報に飢えていますから、結論だけでなく、そこに至るプロセスや科学的な議論が見えたほうが信頼も得られると思うんです。そこのところがちょっと足りないかなと感じます。

例えば、いわゆる接触率についてデータが出ていましたが、どんなモデルで計算されたのかが分からない。詳しく調べてみたところ、至って単純な計算方式だったんです。それなら計算の過程もきちんと示したほうが、「一人がこれだけの人に感染させると感染爆発が起きる。だから、こうすれば止められる」というイメージが明確に伝わると思うんです。

しかし現実には「とにかく接触を8割減らしてください」という結論だけですからね。あれではやっぱり、もったいないですよね。

細野 情報環境は、3・11の時よりもさらに難しくなりました。SNSが社会にさらに浸透したことで、拡散力の大きな人からの情報は、正誤にかかわらず、最終的な検証結果や公式情報よりも遥かに広がってしまうケースも珍しくありません。情報の正確性をどう確保するかという意味でも、プロセスの可視化は極めて大事ですね。

近藤 そうですね、中身が見えることが圧倒的に重要なわけです。そこのところが、ちょっと不足しているような気はしています。

科学と政治、それぞれの役割

細野 これは突き詰めると、どの時代でも人間社会の真理だと私は思っているのですが、「何を言うか」だけでなく「誰が言うか」も極めて大事、つまりその人物が信用に足るかどうかが重要ですよね。

もちろん、科学者は専門性を突き詰めることがまずは一番大事ですが、同時に「この人が言うなら信頼できる」と思われる専門家が増えることも大切だなと。日本の専門家には広く社会に自分の専門性をアピールしたり、信念を持ってしっかり専門知識を伝えてほしいと考えますが、そのための環境づくりが、まだ不充分なのかもしれません。

近藤　それは、専門家の側の訓練の問題もあると思うんです。専門家の知見を政策へと適切に活かすためには、例えば「今、この状況とタイミングならこれがベスト」だとか、前提条件がいくつかあるわけですよね。たとえ専門家であっても、そうした前提が共有できないと、それぞれ勝手に議論が進んでしまうわけです。仮に極端な提案や、現実のタイミングから外れた意見を言っても、「専門家の意見だから正しい」となってしまう。だけど、実際に問題を解決するための政策には順序や前提条件、タイミングなどが極めて重要になってきます。

政府へのアドバイスには「今はこういう理由で、これが一番重要だ」ということをきちっと説明していくことが必要です。政府の人が専門家の意見全てを精読し、異なる前提条件まで熟知した上で、選択や判断ができるはずはないですから。専門家が危機にあたって適切に対応するためには、普段からそうしたトレーニングにつながる仕事を経験していくことが肝要だと思います。

細野　日頃から行政の構造なり、組織の動かし方のトレーニングができていないと、危機において専門家は充分な活躍ができない。そういうところを意識して専門家の皆さんには研究を続けていただくと同時に、国としても専門家が活躍しやすい環境を整えていくことが必要になってきますよね。

近藤　そうです。普段から仕事で行政などと様々に関わり、現実の制約条件や前提などを踏まえて、自分の意見を一方的に言うだけにならない経験を専門家が重ねることで、状況をより深く心得た効果的な提言ができるようになると思います。

例えば新型コロナにしても、当初、諮問委員会には経済の専門家が一人もいなかった。政府も、後で慌てて入れました。そういう事態が起きたこと自体、専門家からのアドバイスを政策に活かすための構造が不完全だったと言えるし、そうした不備は問題視されてこなかったわけです。

細野　そうした問題点は政治の側の課題ですね。専門家への諮問の仕組みそのもの、また法的な位置づけなどに関しても、まだまだ課題が多い。様々な危機が続く中で、科学と連携して決断を下してゆく政治の側の責務、役割もますます大きくなっているという自覚を、我々政治家は持たなければなりません。

多岐にわたる貴重なお話をありがとうございました。

対話3：磯部晃一氏（元陸上自衛隊東部方面総監／陸将）

わが国の外交の基軸は日米同盟だ。たしかに、原発事故という国家的危機にあって同盟国である米国は手厚い支援の手を差し伸べてくれた。しかし、国家として腰が定まらなかった最初の数日、米国の我々に投げかけてきた視線は厳しかった。この状況を改善するべく開催された日米合同調整会議で私は日本側の代表を務めた。政府の各部局が集まる中で自衛隊を代表してこの会議に参加した磯部晃一氏は、静かではあるが実に頼りになる存在だった。日米同盟の本質を最もよく知る磯部氏が当時を振り返り引用したのは「同盟軍は行動を共にしてくれるが、運命は共にしてくれない」というド・ゴールの言葉だ。あの時、日米同盟が瀬戸際に立たされていたことを我々は決して忘れてはならない。

＊

細野　磯部晃一さんは3・11の時に防衛計画部長を務められ、自衛隊の統合幕僚監部という国家権力の中枢で原発事故を経験されています。私にとってはまさに戦友のような方です。２０１９年には、原発事故に関わる日米同盟の連携の全体像を書かれた『トモダチ作戦の最前線　福島原発事故に見る日米同盟連携の教訓』を出版されています。

磯部　戦後の歴史を振り返ってみても、３・11は最大の国家的な危機だったと思います。その時に日米がどう対応したのか、そして自衛隊はどう動いたのか。政治と自衛隊の関係、自衛隊と米軍の関係、こういったところをまとめる必要がある。この記録を残すことは、ある意味、歴史からの使命ではないかと思い、退職後に自衛隊と米軍、そして日米の政府関係者にインタビューをしてまとめました。

細野　日本側の安全保障関係のキーパーソンが入っていることはもちろん、米側の証言を取っておられるということは本当に貴重です。当時の在京米大使館のジョン・V・ルース駐日大使、ジェームス・ズムワルト首席公使、そして在日米軍司令官、太平洋軍司令官など、よくこれだけの方々からの証言を取られおまとめになられたと感服いたします。有事においてこそ同盟の本質は現れると思います。日米同盟が現実の危機に直面した時に機能するのかを問うた貴重な記録だと思います。端的に表現すると日米同盟とはどういったものなんでしょう。

磯部晃一

第37代東部方面総監／陸将　前ハーバード大学アジアセンター上席研究。1980年防衛大学校（国際関係論専攻）卒、陸上自衛隊に入隊。第9飛行隊長、陸幕防衛課長、中央即応集団副司令官、統合幕僚監部防衛計画部長、第7師団長、統合幕僚副長などを歴任、2015年東部方面総監を最後に退官。米海兵隊大学（1996年卒）及び米国防大学（2003年卒）にて修士号を取得。現在、川崎重工業㈱戦略アドバイザー及びアジア・パシフィック・イニシアティブ上席研究員に就任。また、防衛省の統合幕僚学校及び教育訓練研究本部の部外招聘講師として統合運用や戦略を講義。安全保障や危機管理等に関する講演や米国研究機関との研究交流に従事。著書として『トモダチ作戦の最前線　福島原発事故に見る日米同盟連携の教訓』（彩流社　日本防衛学会の第5回猪木正道特別賞受賞）がある。

磯部　日本にとってやはり、同盟軍であり得るのは米軍しかいないということだと思うんです。かつてフランス元大統領のシャルル・ド・ゴールが「同盟軍は行動を共にしてくれるが、運命は共にしてくれない」と言っています。実は「トモダチ作戦」は、その「運命」を共にしてくれるかどうかの瀬戸際まで行きかけていたのだということ、そして、同盟とは決してきれいごとだけじゃないということも国民の皆さんに知ってほしかったというのは一つあります。同盟のリアルな姿を、国民も知るべき段階に来ているのではないかと思います。

細野　具体的にはそれはどういうところに現れるのでしょうか。例えば、我々が同盟の深刻な危機を感じたのは、3月17日に米国は福島第一原発から50マイル、すなわち80㎞の同心円に入る地域を避難区域に設定した時です。東京はぎりぎり入らなかったけれども、日本が設定していた20㎞や30㎞よりもはるかに広い範囲を当初から指定していました。例えば、そういった場面でしょうか。

磯部　米側にインタビューしてみると、アメリカの政権の中でも、あるいは米軍内でも様々な意見があって、東京まで含めて避難するという意見も実際にあったようです。そうなった時には米軍の横田基地も横須賀の基地も、あるいは大使館も、東京から離れなければいけない。仮にそうなった場合、日米同盟はこれまで通りの関係としてもつのかどうかというところまでいったんじゃないかと。結果的にそうならなかったからよかったんですけれど。

細野　当時、米海軍は避難区域として200マイル以遠を主張しました。200マイルというと東京どころか東日本全体が入ってくるくらいの広さです。それをルース大使が在京大使館で「いや大丈夫だ」と頑張ってくれた。磯部さんは前掲の著書で、この時、ジョン・P・ホルドレン米国科学技術担当大統領補佐官も非常に大きな役割を果たしていたと書かれていますね。

磯部　ホルドレン氏の下にもう一人、原子力の分析の専門家がいまして、そこで昼夜を分かたずシミュレーションをして、結果的に、いわゆる放射性物質を伴ったプルーム（煙流、雲）が東京までくることはほぼないだろうということになった。避難をしなければならない状況にはないだろうという結論に持っていったのが救いだったと思います。もし仮にそうでなければ、大使館が移動していたかもしれないくらいでしたから。

細野　当時、私が記憶しているのは、例えば、ドイツはいち早く大阪、神戸に大使館を移しました。他にもスイスなども同様の対応をしました。

磯部　そうですね、フィンランドも広島に移転しました。

細野　ヨーロッパの国々は移しましたよね。その中で米大使館が東京に踏みとどまったというのは非常に大きかった。仮に大使館が移動していたら、そもそもトモダチ作戦はなかったかもしれません。

磯部　これはやはりルース大使をはじめ、大使館の方々が日米同盟の真髄はどこかということをよく理解されていたからだと思います。

細野　そういう日米同盟による両国の関係が非常に貴重な役割を最後まで全うしたという面がある一方で、先ほど磯部さんが言っておられた通り、運命を共にすることはなかった。避難の距離も違った。米国原子力規制委員会（ＮＲＣ）の代表としてやってきたチャールズ・Ａ・カストー氏は日米同盟調整会議で私のカウンターパートを務めましたが、主要な役割は米国民の保護だったわけですよね。

磯部　おっしゃる通りで、アメリカのトモダチ作戦には3つの側面がありました。一つは日本の国民を助けたいという思い。純粋な人道愛、人間愛と言うのでしょうか。二つ目は福島第一原発という原子炉の状況が非常に不安定だったので、それをなんとかコントロールするのを助けたいという意識。三つ目は、日本にいるアメリカ市民の保護、状況によっては退避ということまで考えていました。この3つの中で、大使は全ての任務を全うしなければいけないほどの厳しい状況に置かれた。

細野　今、3点おっしゃいましたけれど、その中で米国側から見て一番重要だったのはどれだったのでしょう。

磯部　アメリカから見ると、やはり3番目のアメリカ市民の保護だと思いますね。自国民を守るというのは国家の究極の使命ですから、根本的な話だと思いますね。

細野　政府の役割とは何か、さらには政治の役割とは何かということを突き詰めていけば、やはり国民の命です。アメリカも当然そうであって、同盟国の支援というのは、その次にくるものなんです。これもある意味、同盟の本質だと思います。

次に、この危機において自衛隊が果たした役割についてもお聞きしたい。原発事故直後から自衛隊に非常に期待するところがあったのですが、一つの大きなピークが3月16日から17日のヘリの空中からの散水です。

実はあの前に、当時の内閣危機管理監をやっていた伊藤哲朗さん、防衛省の背広組から内閣官房副長官補になっていた西川徹矢さんと議論したことがありました。11日から12日にかけて東電の社員がベント作業をやった時に、命がどうなるか分からないという状況の中で、民間人にあれをやってもらってよいのかという迷いが私の中にあった。もちろん、東電の責任はあるのだけれど、「我々は民間人だから無理です」と仮に東電が言ってきた時にどうすべきかということで、伊藤さんと西川さんに「仮に自衛隊にやってくれと言ったらできるか」と聞いたことがありました。

その場で即答でした。「無理です。なぜなら全く現場が分かりません」と。たしかにそこに自衛官がいたとしても、右も左も分からないし、訓練もしていない。それはその通りだと。ならば、ここはいかなることがあっても東電にやってもらうしかない。

その後、14日から15日にかけては東電の撤退騒動もあったんです。むろん、撤退してもらうわけにはいかない。現場にとどまって頑張ってもらったのですが、15日、16日と現場のオペレーションがうまくいかなくて水が入らなくなっていました。いよいよ最後の砦たる自衛隊に頼まなければならなくなった。磯部さんはあの時、統幕（統合幕僚監部）におられましたよね。16日のヘリの放水回避、そして17日には放水するということで、夜中に相当な議論があったと聞いています。

磯部 16日は上空の放射線量が高いということで、一旦断念をして引き返したんです。その夜に横田の在日米軍司令官から米国の切迫感も伝わってきました。速やかに放水すべしという覚悟は固まっていたので、17日は必ず放水しようと、固く決意をしたのが16日の深夜です。統幕長室に陸海空の幕僚長や主要な部長が集まって、そこで、明日はどうなってもヘリから水をまくぞという決心をした。ちょうどその時、（放水を統括する）宮島俊信中央即応集団司令官からも「明日は必ずやります」という電話が入ったんです。それで17日の放水となりました。

細野　陸海空が集まったのですか。

磯部　ええ。統幕長室に陸海空の幕僚長がみんな集まりました。

細野　それで実際に入れたのは――。

磯部　陸上自衛隊の第1ヘリコプター団です。私はもともとヘリコプターのパイロットだったので、本当は自分が行きたい気持ちが強かった。上空の放射線量を考えると、若いパイロットに行かせるのは忍びないという気持ちがすごくありました。そこに居合わせた皆さんが同じ気持ちを持っていたと思います。

細野　実は私も同じようなことを考えていました。行ってくれと言うのは辛いですよね。

磯部　誰かがやらなければいけないんです。自衛隊は後ろを振りむいても、そこには誰もいないんです。

自衛官を驚愕させた大臣の指示書

細野　16日は自衛隊が放水することになっていたので、私は東電に現場の作業を止めてもらうよう要請しました。昼頃から準備をしなければいけないということだったので、時間にしてほぼ半日以上。ところが、この日の夕方5時ちょっと過ぎくらいでしたね。作業を中断して、固唾を飲んで映像を見守っていたら、偵察機は見えたのに、放水するはずのヘリが見えない。すぐ北澤（俊美）防衛大臣から電話が入り、「線量が高いから帰した」と言われて現場が凍りついたんです。東電本店だけではなくて、映像でずっと「いちえふ」が見えているので、重要免震棟の皆さんも声がない状態で。

政府の人間は私一人だったので、周りの目は厳しかったですよ。しかし、肩を落としているわけにはいかない。皆さんから見えないところに移動して、すぐに北澤大臣に電話して相当強く申し上げたのを覚えています。

17日の放水の実行をきっかけに、自衛隊を含めた政府も東電も全力を挙げて対峙するという意識になったことが非常に大きかったと思います。ただ、依然としてアメリカ側の評価は分かれていました。非常によくやったという評価も聞こえてきたけれど、一方で、「入った水はわずかだ」という声も私のところに届いていました。

磯部　これは、見る角度によって違ってくるような感じもあるのですが、米軍人と話していると、非常に良かったという意見が多かったように思うのですけれど、外交ルートから来る情報によれば、まだ充分ではないという評価もありました。これは立場によって違っていました。

細野　そこで、18日から今度は陸から放水だということになったわけです。ここが実は、私が東電本店で本当に苦しんだ場面の一つで、自衛隊の制服組、警察、そして消防のリエゾン（連絡員）が本店に来ていたのだけれど、どういう順番で入れるかという調整がうまくいかないんです。自衛隊は放水を空中からしたものだから、現場は現場で陸上からの放水は先陣争いみたいになってしまった。結論としては警察が先に行くことになったけれど、その後、自衛隊、そして気がついた時には、行かないと言っていた東京消防庁が間もなく福島に到着するという大混乱でした。この3つの組織の、一言で言うと、連携の悪さ、やや厳しい言い方をすると、もともとの組織としての相性の悪さが露呈した格好です。

磯部　相性が悪いということはないと思うんですけどね。一般の災害派遣でも、現場では警察、消防、自衛隊、みんな一緒になって現場で人命救助をするのですが、やはり誰が先にやるかとなるといろいろな利害が出てくるのでしょうか。

細野　組織として全く違うんです。自衛隊は国家組織じゃないですか。警察は警察庁がいくら言っても都道府県警なんですよ。消防はさらに管区が小さいでしょう。

磯部　市町村単位ですね。

細野　基本的にはそうです。東京消防庁は少し大きな組織ですが、その他は市町村単位。例えば、担当の総務大臣だって指揮権はないんですよ。国に指揮権があるのは唯一、自衛隊だけ。あとは基本的にないんですよ。それで細かいオペレーションも含めて、18日はその調整でほぼ一日かかってしまった状況でした。これはまずいと思って、私はある指示書を提案したんです。これが統幕の中では大変な議論になったと聞いています。

磯部　指示書を見せていただいた時に、自衛官はみんな驚愕しました。今後の放水、除染活動について「自衛隊が全体の指揮をとる」と書いてありましたから。自衛隊からすると、指揮権を委譲されるということは隊員さんの命を預かることになるので、これはちょっとできないという話でした。気持ちは分かるのですが、政府にもう一度考えてくれということで。

細野　提案は突き返されてきたんですよね。実は私、その前にもう一つ、ある提案をしていまして、それとこの提案はセットだったんです。その提案というのは、現場で作業する人の年間被曝量の上限を１００ｍＳｖから２５０ｍＳｖに上げるというものでした。正確に言うと２５０ｍＳｖではなくて、上限なしでやってもらうという提案をしたんです。アメリカにはこれがありました。普通は人権面から考えてあり得ないことなのですが、アメリカは核武装国なので、攻められることも含めて様々なケースを想定していて、志願する者に関しては放射線量の上限はなしで対応できるようになっているんです。

日本にはそんな制度はないどころか、１００ｍＳｖの上限設定がある。今回のような有事のケースで、例えば放水をする時とか、短時間だけれども誰かが作業しなければならないようなものすごくシビアな時に、現場に行かせることができない。それで私は、あえて「上限なし」を出したんです。案の定、北澤大臣から「いや、上限なしはだめだ」と言われました。２５０ｍＳｖだという話があって、「じゃあ２５０ｍＳｖまでは頼みますよ、放射線量が高いからって帰ってくるのはなしですよ」と言って２５０ｍＳｖまで上限を上げることが通ったんです。

それと同じことを私は考えていて、指揮権といったら絶対に防衛省は突き返してくるだろうと思っていました。それでも、何とかしたかった。放水は大混乱してうまくいかなかったし、原発事故の前線基地であるＪヴィレッジにしても自衛隊、警察、消防と原発作業員が入り混じって大混乱して、互いに調整するためにものすごいエネルギーを使っていた。原発の状況には一刻の猶予もないわけです。自衛隊が現場をしっかりマネージする体制を作りたかったんです。

磯部　自衛隊は一元的に管理する能力が高いです。

細野　全てそろっているわけですからね。衣食住も自己完結できますから、外部からのいろいろなサポートも必要ない。

磯部　当時、現場にいた自衛隊の指揮官から聞いた話では、みんなそれぞれがベストポジションで、ベストな時間帯で放水などもやりたいわけです。また、原発の地下にある配線とかの修理も必要だった。そうしたことが全部重なった中で、誰が、どの部署が、どういう順番で対応すればいいのか。まさに混乱の極みでしたね。

細野　結局、総合調整を自衛隊がする、Ｊヴィレッジを一元的に管理するのも自衛隊が行うということに決まって、ようやく少し落ち着いたんですよね。その指示書というのは当然、最終的には総理が出すことになるんですが、総務省や警察庁にも連絡が行くので、当時、総務大臣だった片山善博さんから私あてに電話が入って「とにかく、消防職員の名誉を傷つけることだけはしないでくれ」と言われました。

磯部　それはよく分かります。仮に、自衛隊が逆の立場であれば、私も同じことを言っていたでしょう。

細野　おそらく片山大臣からすると、自治体の消防職員は自分の直接の部下ではないけれども決済しないと通らない文書だった。決断する時にそういう条件を付けてきたのだと思います。究極のケースとして、いわゆる武力攻撃を受ける事態になった場合は法律に書いてありますよね。ただ、戦争ではないんだけれど、実質的に有事であるという時には、どうマネージしていくかということです。

磯部　いわゆるグレーゾーンですね。これは本当に大事な話だと思います。

ホソノ・プロセス

細野　そういう中で始まったのが、日米合同調整会議で、3月21日にスタートしました。実はその前に、私もある時から薄々気付いていていたのだけれど、防衛省の中で日米の調整会議が行われていたわけですよね。磯部さんはそこに参加はされていましたか。

磯部　最初は確か16日だったと思いますけれど、防衛政策局長のところに日米の関係者が集まったんですね。

細野　高見澤將林さんですね。のちの日米合同調整会議における防衛省の背広組のトップですよね。

磯部　16日の午前9時から「原子力災害対策チーム会議」という仮称で始めたんです。

細野　実はこれ、菅総理は知らなかったんです。

磯部　ご存じなかったですね。ただ、官邸にはこういう会議をしているということはメール等で報告はしていたんですけれど、菅総理はそれをご存じではなかったようですね、当時の関係者に聞くと。

細野　私は、NRCのカストー氏が来日した16日頃から米側と接触するようになりました。18日には長島昭久議員の仲介でルース大使を含めて関係者で会議を開いていて、そこで強く感じたのは、アメリカ側の強烈なフラストレーションだったんです。ちょうど放水作業をやっている真っ最中だったのですが、実際に何が起こっているのか分からない。それは裏返しとしては、アメリカ人を守れないということだったのかもしれません。まずはそれを解消しなければいけないと強く思っていました。その時にやられていた防衛省の会議は、どういった中身だったのですか。

磯部　日本側の出席者は防衛省・自衛隊、経産省、外務省、原子力安全・保安院、東京電力の関係者が集まって、アメリカ側は米軍とエネルギー省、それから大使館です。そこでは原発、特に原子炉の中の状況を知りたいということが米側の一番のポイントでした。米側が色々なところにコンタクトしていた中で、この会合が一番全体像が分かるということで、非常に感謝されたんです。

細野　それを実質的に発展させたのが、日米合同調整会議になった。これは国務省が作っていた資料（P61の図参照）ですが、日本側は官邸、METI（経済産業省）、東電、自衛隊、外務省ですね。米側は国防総省があって国務省もあればNRC、DOE（米エネルギー省）もいる。調整会議ができる前は、両国の間が混線していて本当に大変でした。私もこの渦中にいたのでいろいろなところから問い合わせが来て、それに応じるのにかなりエネルギーを費やしていて、ものすごく時間のロスがありました。それを何とかしなければならないということで、21日から日米合同調整会議を始めたんです。

磯部　これは素晴らしい調整会議でした。インタビューした米側の関係者も「ホソノ・プロセス」が果たした役割を称賛していました。

細野　これの予備的な会議を防衛省でやっていただいたわけですね。

磯部　そうですね、16日と18、19日に、3回会議をやっています。それが菅総理の耳に入って、「防衛省で勝手にやるのはだめだ」という話になりました。

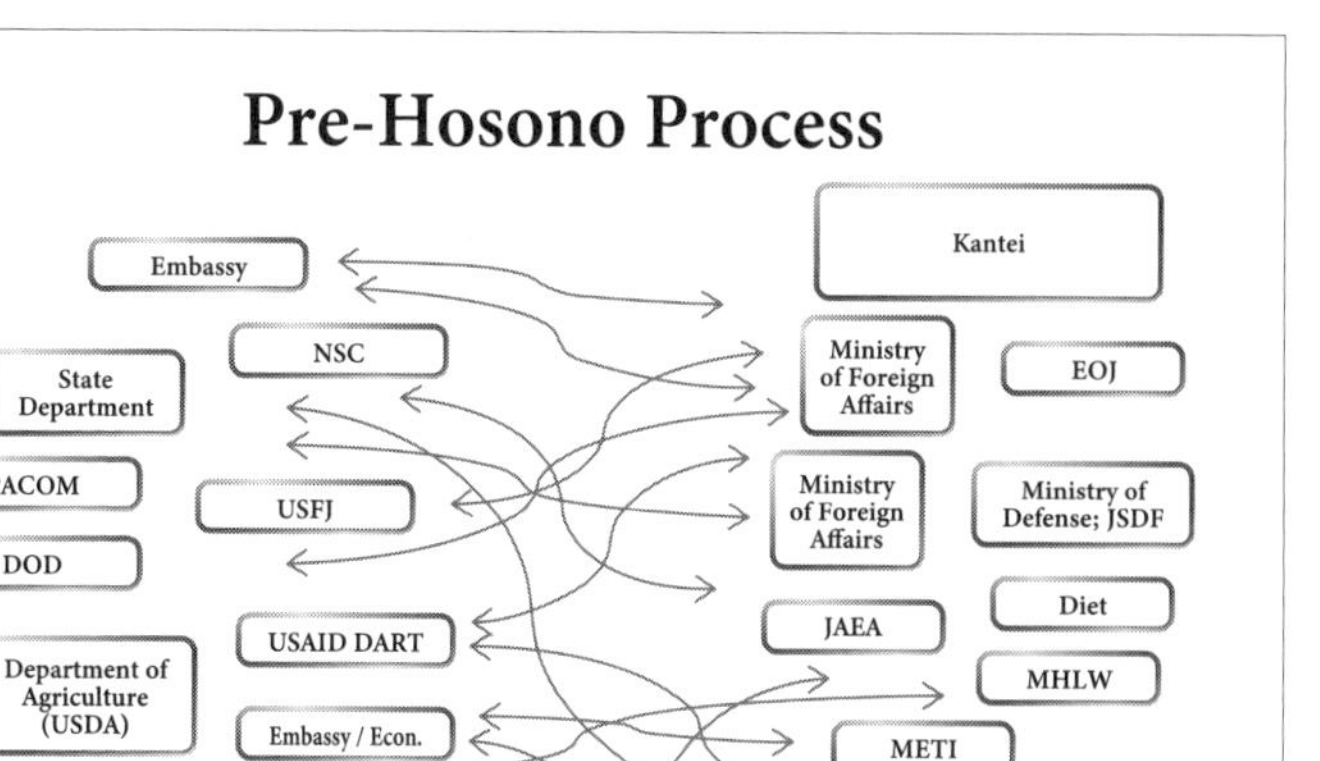

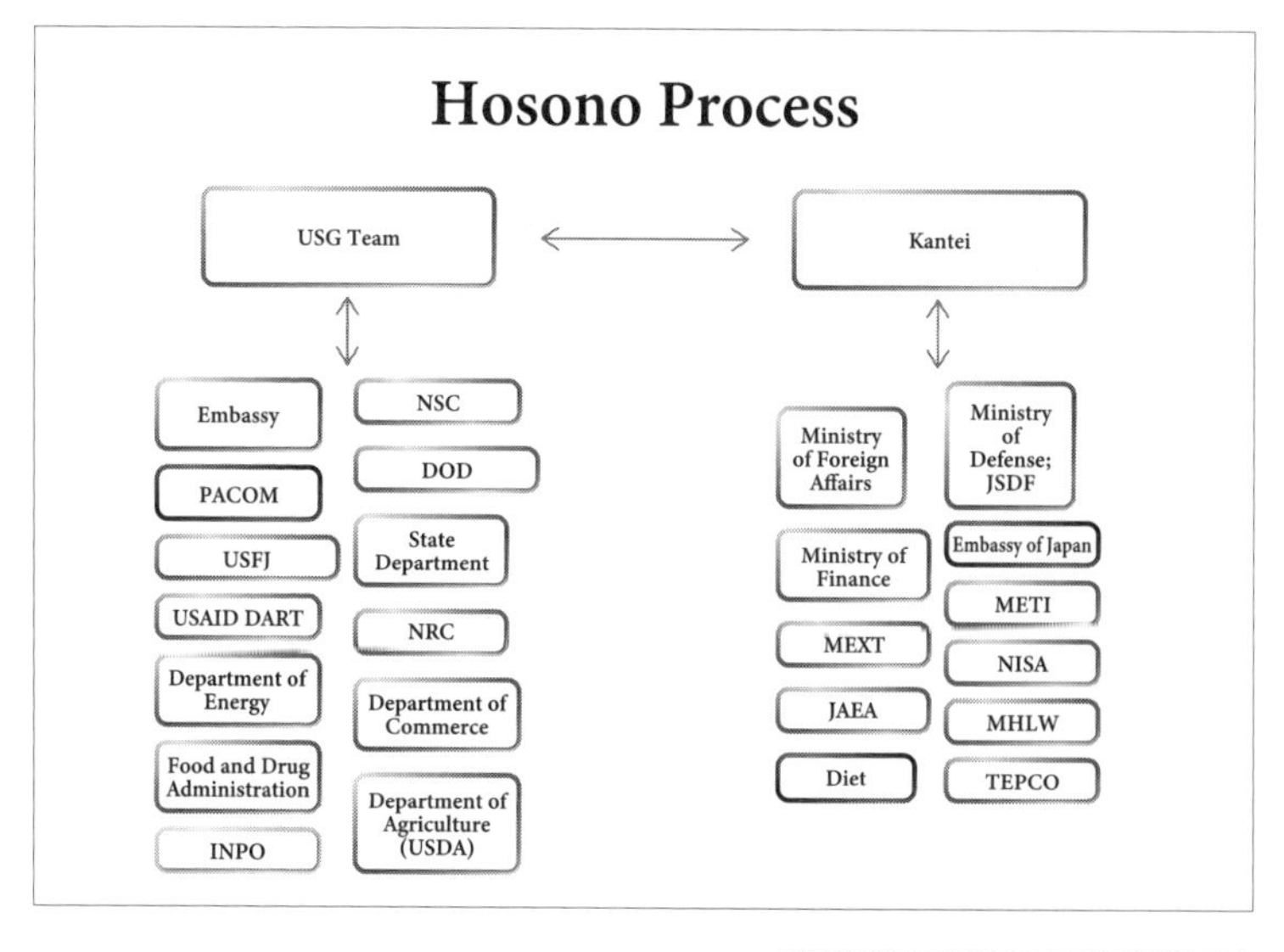

米国国務省作成の資料を元に細野豪志事務所で作成

細野　けしからんって話になったのでしょうか。

磯部　というふうに私は聞いたんですけれど。

細野　18日、19日あたりに総理に「ちゃんとしたものを作ったほうがいいですよ。その場合は官邸直属の方がいいから、やるなら福山（哲郎）副長官ではないですか」ということを言って、じゃあそれで進めようということで準備に入ったんです。結局、現場を把握している私が日本側を代表する形になった。21日から正式に立ち上げて、当初は日に2回開催していました。しばらくしてから日に1回になりましたね。

磯部　確か夜8時からの開始でした。

細野　8時か。平時ならあり得ないんだけれど、当時はちょうど一日仕事を終えて、次の日に向かって各組織が準備を始めるのが8時頃でしたよね。

磯部　その前に、細野補佐官がリーダーシップを発揮されて、日本側でまず集まろうと。日本側だけのチームで集まって、その時に米側との調整事項は何か、あるいは日本側が詰めなければならないことは何かということをまとめ始められたんです。それで、日米調整に入る前にそれを日本側でやったので、日本側の各省庁、あるいは東電を含め、局長クラスの幹部がその場で意思決定や判断ができるような状況になって、それが一番よかったと私は思います。政治によるリーダーシップを目の当たりにしました。

細野　日本側も関係省庁が多かったですからね。そこで関係者の顔も見えたし、役割分担も見えた。一つになったような感じはありましたよね。

磯部　毎日ほとんど同じメンバーでやりましたね。

海軍大将が米軍の指揮を執る意味

細野　メンバーを固定したのは、信頼関係を作る上でも良かったと思います。米側もそうだった。ただ、ここでの対応もかなり大変でした。私がすごく印象に残っているのが、4号機のプールに水があるのかないのかという論争です。米側はないと見ていたんですよ。1号機から4号機までの燃料プールの中で、一番新しい燃料が大量に入っていたのが4号機だったので、仮に水が入っていないとすると避難範囲が広くなるので、例の50マイルという話も出てきたわけです。そこに日米の違いがあった。

最初にコンクリートポンプ車でプールの水を取って調べました。日本側が「きれいな水が入っているのでプールは大丈夫だ」と言ったら、米側から「初めから入っていた水ではないか」とか「雨が降って水が入ったんじゃないか」と言われました。米側は、一言で言うと理不尽な反応をしたんです。相当努力して水を取ったわけだから、日本側は怒りました。信用しないなら我々もこんなことを説明する必要はないくらいの感じだったので。

でも、それはまずいと。米国が日本を信用することが、世界に伝わることが重要だし、ここは我慢してもう一回やろうと私が言って、厳密にもう一回プール内の水を取ってみたところきれいな水だったので、4号機のプールには水があるということになりました。米側が日本側の技術力であるとか、日本側が事態を把握しているということを本当の意味で理解したのはその時でした。

日本とアメリカというのは対等な同盟関係ということになっているんだけれど、どこかで米国のほうが技術的にも力の面でも上なのではないか、本当に対等なのかという指摘をされることがある。それが問われた場面でもあったと思うんです。そういうせめぎ合いみたいなものは、ミリタリー・ミリタリー（ミリ・ミリ）でもありましたか。

磯部　発災直後は、在日米軍、横田の司令官が陸海空海兵隊の米軍全てをまとめて対応されていて、それがだんだん回り始めていました。けれども、太平洋艦隊司令官、つまりハワイにいる司令官で海軍の大将なのですが、この四つ星（階級章）の大将が日本に来て米軍の指揮を執るということが18日に分かりました。我々は、海軍大将が日本に来るとはどういうことなのかを考え、当時やや戸惑いを感じました。

細野　自衛隊のカウンターパートは本来、在日米軍司令官であり、太平洋艦隊司令官はその上の人ですね。見方によっては、在日米軍があり自衛隊があり、その上の階級の人が来るわけだから、自衛隊がその下に入るということになると大変なことですよね。

磯部　自衛隊のカウンターパートは、内容等により在日米軍になることも、太平洋軍になることもあります。合わせて、統幕長はペンタゴン（米国防総省）のマイク・マレン統合参謀本部議長とも話していましたので、3人がカウンターパートになります。太平洋艦隊は太平洋軍隷下の海軍の艦隊です。自衛隊がその下に入るというイメージは持っていませんでした。統幕長が一番関心を示されたのは、米国に関わる行政的な関係もパトリック・ウォルシュ太平洋艦隊司令官の下に入ることになると、行政もオペレーションも全部一人の司令官が握ることになるので、ちょっとこれは複雑なことになるのではないかなと。

細野　少し一般の日本人が理解し難いと思うのは、米国における軍のステータスです。四つ星の大将の、社会における位置付けは極めて高いですよね。

磯部　イラク戦争後にイラクに駐留した米軍の司令官となると、行政も治安も全部握りますから、まさに軍事政権みたいなものです。しかしながら、米軍もそこのところは日本の状況をよく理解していて、結局、その米軍統合部隊の名前も、「ジョイント・サポート・フォース」といって、米側はあくまでも日本のサポートに徹するんだという意味の名前を付けたので、ある意味ほっとしました。

細野　ジョイント・サポート・フォースだからJSF司令部なんですね。折木良一統合幕僚長は相当の覚悟を持って米側に問うたわけですね、「どういうことなんだ」と。

磯部　太平洋軍の司令官であるロバート・ウィラード海軍大将が20日に日本に来るのですが、その時に折木統幕長が確認されたんです。「ウォルシュ大将は軍事以外の行政も担うのか」という質問をして、ウィラード氏は明確に「いやそういう権限は持たない」と。それで、折木統幕長も安堵されたんです。

細野　数日後に日米の合同調整会議にも、ウォルシュ太平洋艦隊司令官が一度来られたじゃないですか。覚えておられますか。

磯部　覚えています。

細野　私はあの時の雰囲気をよく覚えています。太平洋艦隊司令官だから、これはすごいのが来たなど思って見ていたら、米側の国務省も、ＮＲＣのカストー氏も、ＤＯＥの担当者もこれまでとは違う雰囲気だった。日本側の受け止めも、すごいのが出てきたぞという感じでした。外務省や防衛省も含めて。私は、折木統幕長の懸念は完全な杞憂なのではなくて、そういう雰囲気が当時あったのではないかと思います。

磯部　統幕の中には、ダグラス・マッカーサー司令官の再登場かといった感覚を抱くものもいました。

細野　マッカーサーは軍人だったわけですからね。それがＧＨＱのトップになったわけですし。

磯部　進駐軍の総大将ですから。

細野　そうはならないように我々も努力をしたし、当然、防衛省も努力をしたんだけれども、やり方を間違えれば日本の独立が危うくなる。60年歴史が前に戻るみたいな危機感が、あの当時はあったのかもしれませんね。

磯部　そうならなかったのがよかった。私は、米軍、特に太平洋軍や日本と付き合いのある米軍の軍人は、ウィラード司令官も含めてそこはよく分かっていたと思います。

細野　原発事故でものすごく大きなダメージではあったんだけれど、日本として事故に対応できたから良かったのであって、本当にできていなければ、国家として半ば崩壊していた……。

磯部　原発がコントロールできていないとすると、瀬戸際だったかもしれませんね。

細野　そうすると、米国は次に様々なことを考えた可能性はありますね。

磯部　当然考えていたと思います。

細野　考えざるを得なかったと言えるかもしれない。

磯部　米軍は常に最悪のことを全て考えていたのだと思います。

細野　実際、この前後で最悪のシナリオを近藤駿介原子力委員会委員長に頼んで作ってもらいました。この議員会館の部屋ですよ。ここで、米側のシナリオと日本側のシナリオを交換したんです。極めて似ていましたけれど。4号機のプールが仮に空になった場合、放射性物質はどこまで広がるのかというシミュレーションを彼らもしていました。

磯部　米国政府はいろいろなシミュレーションをものすごく綿密に行います。おそらく、原子力の国立研究所や海軍の原子力機関で幾通りものシミュレーションをやっていたのではないでしょうか。最終的には、ホルドレン氏が総合的な判断をして、東京までは来ないだろうということで米側は収まったということです。

細野　一つ学ぶべきだと思うのは、科学者がアメリカで果たした役割です。日本でも原発事故の時にいろいろな人がアドバイザーになったけれど、危機的な状況において判断できる科学者がいなかったことが混乱を招いた面がありました。その人が言えばなんとか収まるという人はなかなかいない。米側にはホルドレン氏がいたわけですよね。これは200マイル、50マイル論争の中でも非常に大きかったんですよ。あそこで判断を間違っていたら、日米同盟は本当に危なかった。

政治と軍事の関係を整合する

細野　最後に、原発の危機が日米同盟のあり方に残した教訓について伺いたいと思います。日米の調整機能を果たした日米合同調整会議とオペレーションとしてのトモダチ作戦は、日米同盟において非常に大きな経験になりましたね。

磯部　2015年に改訂された「日米防衛協力の指針（ガイドライン）」に、当時の教訓をかなり反映することができたと思います。一番の教訓はホソノ・プロセスです。関係省庁が全部入って日米政府が一体となった調整の場が必要だということが、原発事故の教訓を通じて明らかになったので、ガイドラインの中に、「同盟調整メカニズム」という組織をきちんと規定したことが大きな成果だと思います。中でも、同盟調整グループはホソノ・プロセスのイメージに非常に近いものです。

細野　ガイドラインが改訂されたあとに、外務省の人からもそのことを指摘されたことがありました。あのプロセスが何らかの教訓になっていれば、それはすごく有り難いことです。ただ、日米ガイドラインが改訂されたあの2015年に、国会では例の安保法制で賛成・反対とやり合っていたという痛恨の記憶もあるんです。あの失敗を経て私は野党を離れる決断をしたんですけれども。

実務を担った者として指摘しておきたいのは、日米の調整メカニズムは絶対必要ですが、画一的なものであってはならないということです。つまり、事態によって当然、プレーヤーも変わるので、メカニズムのあり方は柔軟にしておくことが重要だと思います。

磯部　自衛隊と米軍はしょっちゅう共同訓練をしていますので、平素から調整メカニズムはあるんです。他方、日米両政府となると、日頃そういうことはしませんよね。だから今後、日米の国家安全保障会議（NSC）などがタイアップして、両政府が色んな状況や認識を共有させておくことが非常に大事だと思います。

細野　原発事故の時も先にミリ・ミリで始まって、それが政府全体に広がったというのは、順番として自然だったのかもしれませんね。背広組のトップの髙見澤さんは事務方ゆえにミリ・ミリの関係を非常に大事にしている人でした。彼とは腹を割って話さなければならないと思ったので、こういうことを伝えたんです。ミリ・ミリでやることはここで共有しなくてよいと。

例えば、のちに米軍のシーバーフ（ＣＢＩＲＦ、化学・生物兵器事態対応部隊）が来日しましたが、具体的なオペレーションはあの日米合同調整会議では議論されなかった。ミリ・ミリの部分は、他の省庁とは言葉も合わないし、考え方も違うわけですから。しかし、その他の情報は、きちんと全体に共有してほしいと。政府全体でやらなければいけないことがたくさんあるので、そこは理解してくれということで折り合った記憶があります。

磯部　ミリ・ミリのところは、別に伊藤（哲朗）危機管理監経由で細野補佐官へのラインができていましたね。

細野　そこのやり方ですよね。そうなってくると、最後は人だということにもなってくるんです。その場で、誰が責任ある立場になって、どういう組織を作るかという要素は、危機管理においてやはり最後は捨てきれない。

磯部　私も自分の本の最後に書きましたけれど、つくづく当時の防衛省、自衛隊は「人」に恵まれていたと思います。当然、いろいろな軋轢や摩擦はありましたけれど、あの危機の最中ですから。でも、大臣を頂点として、主要な幹部、そして自衛隊の幹部、それぞれが能力を発揮できるような環境にあったというか、人間関係がよかったのだと思うんです。それは大事だと思うし、当時の方に会うと戦友という仲間意識がありますね。

細野　私もそれは残っています。ただ、そろそろ考えなければならないのは、もう10年経ちますよね。そうすると、当時の記憶がある人は少なくなってくる。

磯部　記憶もだんだん薄れていきますし。

細野　防衛省の幹部の方の中でも、実体験として持っている人はもはや少ないですよね。意思決定に関わったという意味では。

磯部　それはもうほとんどいらっしゃらないと思います。

細野　そこをどう残していくかというのは極めて重要ですね。10年というのは長い、結構な時間ですよね。

磯部　風化しつつあります。そういった意味で私は、関係者の記憶が鮮明なうちに聞き取りをさせていただいて、本にまとめたんです。やはり、言い伝えや教育が大事になる部分があると思うんですね。私は統幕学校で陸海空自衛隊の幹部の皆さんに講義をさせていただいていて、その機会には必ず原発事故の時のいろいろな教訓を話しています。ここで統幕長はどう決心したのか、政治と軍事の関係をどのように整合していったのかということは、講義で話させていただいていますね。

細野　それはぜひやっていただきたいです。これから幹部になる方々にきちんと伝えてもらいたいです。

磯部　「人」を育て、危機時における体験を伝承していくことは大事だと思います。

細野　今はちょうど新型コロナウイルスの蔓延で、日本は新しい危機にあります。この10年だけでも何回も大きな災害が発生し、パンデミックを経験している。やはり日本は、危機管理と向き合って行かなければならない国家なんですよね。これからも、この教訓を次に伝える役を務めていただきたいと思います。今日はありがとうございました。

対話4：竜田一人氏（『いちえふ　福島第一原子力発電所労働記』作者）

原発内の作業は、東京電力、東芝などの原子炉メーカー、そして何重もの下請け構造によって成り立っている。原発作業員として下請け企業で働いてきた竜田一人（たつたかずと）氏の言葉は、我々の先入観を打ち破るリアルさを持ち、「いちえふ」の中にある日常と廃炉作業の困難さを我々に静かに、しかし鋭く伝えてくれる。モーニングに連載された漫画『いちえふ』の読者であった私にとって竜田氏の話は実に興味深いものだったが、対談の後半で竜田氏から厳しい問いを突きつけられることになった。この対談がきっかけとなり、『東電福島原発事故　自己調査報告』という本書のタイトルが固まった。

*

細野　竜田さんの本業は漫画家ですが、原発作業員として、福島第一原発での復旧作業に携われました。その模様はルポ漫画『いちえふ』として漫画誌『モーニング』に連載され、話題を呼びました。そのご経験も含め、お話を伺いたいと思います。顔出しNGということでマスク姿ですね。と言っても、プロレスラーのマスクですけれど（笑）。やっぱり、働きながらこういう作品を描くっていうのは難しいいんですか。

竜田　ちょっとね。まあ、でも働いている時には全然周りにも知られていなかったので。ただの作業員のおっさんとして、描く時は誰にも見られないように工夫はしました。

細野　他にも描き手の方が入っているケースに遭遇されたことはありますか。

竜田　ないですね。

細野　現場に入り込んでのルポとしては、例えば、新型コロナで乗客にクラスターが発生したダイヤモンド・プリンセス号に医師の岩田健太郎さんが入ったルポが出たじゃないですか。あれを見て思ったのが、竜田さんのルポとは全然違うなと。竜田さんは相当長く原発の中にいたから、具体的に見てきたものを経験として一般化する価値があるけど、岩田さんの場合は、わずか数時間で得た断片的な視点を一般化しているでしょう。

竜田　岩田さんのＹｏｕＴｕｂｅを見た時に感じたんですよ。潜入レポには潜入レポのやり方っていうか、「潜入先への仁義」ってものがありますよね。仲介してくれた人とかもいるわけですから。それを考えたらあれはないだろうと。

細野　仁義ですか、なるほど。確かに相手への敬意というか、そこに

竜田一人

漫画家。2012年と2014年に福島第一原発で働いた様子を描いた『いちえふ　福島第一原子力発電所労働記』（講談社）が、現在まで3巻刊行されている。同書はフランス、ドイツ、スペイン、イタリア、台湾、アメリカでも翻訳刊行された。現場を離れた後も、浜通りを中心とした福島・東北各地を、ギター片手にしばしば訪れている。

立場は関係ないんですよね。竜田さんの仁義は、東電のためというよりも、現場の皆さんの誇りのために守るべきものを守っているという感じでしょうか。

竜田　まず第一に、今働いている人たちに迷惑がかからないようにっていうことを考えました。特に下請けとかその辺ですよね。個人や会社があまりにも特定されることは言えないっていう。

細野　なるほど。そういう意味で、実は描けなかったことなどもあるわけですね。

竜田　多少はね。

細野　竜田さんというペンネームは、これは常磐線の駅の名前ですよね。

竜田　はい。駅から名前を取らせていただいて。

細野　『モーニング』に連載されていた時から読んではいたんですが、改めて全巻振り返って読ませていただくと実にリアル。私も「いちえふ」内に何度も入りましたので様子は分かるんですけど、作業員の方から見た姿が実に具体的で興味深い。漫画ってオーバーアクションで描くやり方もあるわけじゃないですか。それをあえて、なぜリアルに、現実に忠実な形にしたのかをお伺いしたいんですが。

竜田　あんまりウソは描きたくなかったんです。それに第一、こういうのでウソを描いちゃうとまずいので。ただ、実際に行って働いてみたら、「普通」と言っちゃうと言い過ぎかもしれませんけれども、よくある工事現場の一つとして捉えたほうが自然ではないかなと感じたんですよ。劇的に盛り上げるっていう要素があるわけでもない。なので、自分が体験したことをそのまま描こうと思ったら、そういう形にしかならなかったんですよね。

細野　作業員の方が喫煙所探しにものすごく苦労しているとかですね。あとは空き時間に温泉入ったり、ギャンブルしたり、そういう日常なんていうのはまさに「普通」なんですよね。

竜田　そうですね。働いている人は普通のおっさんなので。中には技術的にすごいものを持っている人とかはいるんですけど、でも、やっぱりそういう人たちも普通に生活している人なので。「普通に働く普通の職場」っていうふうに捉えていただいたほうがいいんじゃないかと。

細野　竜田さんが働いておられた頃は、外から見ると現場の皆さんは恐怖と戦いながら命がけで働いていると思われていたでしょう。

竜田　世の中のイメージは大きく二つあって、流刑地か戦場かみたいな感じでしょうか。

まず一つは「ものすごく危険な流刑地で、嫌がっている奴隷や罪人が強制的にこき使われている」感じで、もう一つは「ものすごく危険な戦場で、それでも命をかけて日本のために一生懸命戦っているヒーロー」みたいな。そういう両極端な見方しかなかった。でも、実際にはどっちでもなく、それらのイメージの真ん中で普通に働いてる人たちだっていうことを割と言いたかったっていうのはあります。

細野　最初の部分で、「いちえふ」に行く動機を「高給と好奇心、そして少しの義侠心」と書いてあって、このバランスが面白いなと思いました。

竜田　基本的には、お金のためなんですよ。みんなね。

細野　生活のためですね。

竜田　だけどやっぱり、あそこを片付けることで世の中の役に立ちたいところもちょっとはあった。

まあ、それは普通のどんな仕事でもそうじゃないですか。やっぱり、この仕事をやってても、例えば「おいしい料理を作って人に喜んでもらう」とかと同じで、「自分の仕事で世の中が少しでも明るくなればいい」くらいの気持ちの延長だと思いますけどね。

原発建屋の中で昼寝ができる

細野　それがまさに人の気持ちっていうものかもしれませんね。その中ですごく印象に残ったシーンがいくつかありましてね。一つははじめのほうに出てくるんですけど、「この職場を福島の大地から消し去るその日まで」頑張るんだと。これって、なかなか普通の職場ではない感覚だと思います。サビ止めの塗装をすごく上手にやる人とか、溶接の技術がすごいという人がいるんだけど、それらの技術と成果は一時的には利用されても、やがてなくなる。

竜田　世の中には解体作業を専門にやっている会社だってあるし、どんな職人さんが作ったものでもいつかは壊れますよね。それと変わりありませんよ。

細野　解体作業って、できるだけ単純化して、バタバタってやるじゃないですか。解体そのものは安全にやらなきゃならないけれど、スピード重視でやるわけでしょう。「いちえふ」では、途中で精緻な配管を作ってうまく水が回るようにとか、精密に溶接したり、技術の粋(すい)を尽くすわけですね。しかし、最後は解体するという。

竜田　いずれ壊すことを目的にやっているというのは、内心、複雑なところはある人もいるかもしれませんけれども、でもそれも含めて仕事ですから。

細野　そこにいる人は会社も違えば、三次下請けの人もいれば、四次下請け、五次下請けの人もいたりとか。

竜田　だから、全然違う下請けの人が一緒になってチームでやっていたりするので、その辺も面白いっちゃ面白いですよね。

細野　ああいう混沌とした職場で人も相当入れ替わっている中で、確実に廃炉に向かって技術を伝えていくのはかなり難しくないですか。

竜田　どうしろって言われても、この場ですぐ答えが出る話でもないですけどね。まあ、他の仕事と同じように、働く人の待遇を良くして、人がいっぱい入ってきやすいようにする以外にはないいんじゃないかなと。どんな仕事でもそうじゃないですか。

細野　やはり待遇は考えたいですよね。例えば、働く気はあっても、現場に投入されるまでに何日も何日も待たされて、その間は寮費を自腹で払わされるという話ですよね。その結果、実際に働く前にあきらめて帰っちゃう人もいたとか。

竜田　まあ、そういうケースもありましたね。

細野　職場環境は格段に良くなっていて、今は「いちえふ」の食堂で温かい食事が食べられるし、結構美味しいんですよ。あと、ローソンもあるので、スイーツなんかも買えたりする。竜田さんがいた頃はそこまではいってないですよね

竜田　そこまではなかったですね。でっかい体育館みたいなところにマットが敷いてあって、みんなそこで昼寝しているって感じでしたかね。

細野　当時、ここは大変だったというエピソードをご紹介いただけますか。

竜田　中の運用がしょっちゅう変わることですね。そのたびに混乱があって、移動するのに使うバスが来るまで1時間待つなんて事態が起こったこともありました。それも少しは改善されてはいるんですけど、「試しにこれやってみよう」っていって大混乱するケースが、今でもあるみたいなので、その辺は、もっと良く考えてからやってほしいというのはありますね。

細野　待つ時間が非常に長いんですよね。作業できない時間は被曝線量を下げるためにできるだけ外で待つ、入ってからも線量の低い場所で待つ、小さな事故でも起こるとまた待つ。待つ時間って、皆さんにとって大変な時間ですよね。

竜田　中で待ってる間の暇潰しをどうするかみたいなね、そういうところはありましたから。今は食堂もできたんで、その辺は結構良くなったんじゃないかな。

細野　でも、あの、何号機でしたっけ。待ってる間、みんなで昼寝してたっていう。

竜田　1号機の原子炉建屋の中ですね。

細野　あのエピソードには衝撃を受けました。原発建屋の中で昼寝、しかも全面マスクをしながら寝てしまう。

竜田　慣れると、あの中でも寝られるようになりますよ。

デマや風評とどう向き合うか

細野　放射線量が高くて人が入れないところで健気にロボットが動いていますよね。「いちえふ」

の廃炉作業では、そうした先進技術が現場での試行錯誤と実験を繰り返しながら、成果にもつなげているんですよね。

竜田　そうですね。本当に、リアルな実験場だと思いますよ。ただ、失敗した時に「ロボットの回収はどうすんだ」って事態はたまに起こるので、その辺をもうちょっと考えながらやったほうがいいなとは思うんですけど。いろんなものが開発され投入されて、実際に成果も出しているので、言っちゃ悪いかもしれないですけど、見ていて面白いっていうところはありますよね。

細野　実験フィールドとしては非常に興味深いと思います。ただ、意外と初歩的なところはまだまだローテクで、例えば、ロボットを現場まで運ぶのは人力でやっているそうですね。

竜田　ロボットはちょっと条件が変わると対処できないことがあるので、しょうがないですよ。もうちょっといい手はないのかなとは思いますけどね。それでも、ずっと工夫しながらやってきているんだから。四足歩行のやつがもうちょっと使えるようになってくると、変わるかなってのはあります。

細野　世界の最先端ロボットが活躍して、そのデータのフィードバックからさらに多くの技術開発につながるわけですからね。

竜田　仮定の状況を想定するトレーニングとは違って、現場ごとの課題が一つひとつ具体的にあるんで、分かりやすいですよ。「ここに行って、何かを取ってくる」「このスイッチの、ここを見る」とか。そうした細かい作業に特化した専門的なロボットが作られていくっていうのは、「これどうすんだ」っていうことへの答えが続々と出てきたりするわけで、非常に面白いっていうか。

細野　その一方で、目の前でやっている細かなことと廃炉という最終目標との間には、ものすごい距離がありますね。

竜田　最先端でそういうことをやっているかと思えば、健康にリスクを与えない処理水すら棄てられないとか、そういう話なので。

細野　処理水についても伺いたいと思っていました。夜中にもいろいろな地道な作業をやっているという話が漫画に出てきますが、処理水の見回りも一つの作業じゃないですか。私が現場の人に聞いたところ、日に最低でも2回は見回っていると。延々と並んでいるタンクは竜田さんも含め、作業員の方にとっては見慣れた風景ですよね。

竜田　最初の頃はなかったんですけどね。どんどん増えてきた。今、新規には、私が見ていた頃のタンクとは全然違う水準のものが建っています。

細野　巨大なタンクが約１０００基も並んでいる。何とかしたいですね。

竜田　本来ね。あんなものは保管し続けなくて良かった話なので、できれば早く片付けてもらいたいですよ。

細野　ちょっと引っ張りすぎた感があるんです、処理水は。福島の原発の作業や周辺環境というのは、常に風評との戦いでもあったわけですよね。例えば、働いていた外国人が死んじゃって、ドラム缶で焼かれたみたいな都市伝説的な話も出てきますね。

竜田　ただのデマですよ。

細野　さすがにそのデマに騙される人はいないと思いますが、風評にどう向き合うかという問題は常にあります。甲状腺検査のことなども、事故から10年経って、そろそろ本当に必要なのかということを議論しなければなりません。でも、いまだに甲状腺がんが増えていると信じている人もいます。

竜田　あんまりね、もう、そういう不安だとか、あとは風評だとか取り合わないほうがいいんじゃないですかね。そういう時期に来たんじゃないかなと思いますよ。事故当初は確かに何も分からなかったので不安に思う人がいて、それに対してある程度のケアをしていくことも必要だったでしょう。風評被害も実際にあったし、何らかの手を打っていく必要はあったと思うんですけどね。

　でも、もう今、「風評」っていっても、そんなに気にしている人もいないんじゃないですかね。改めて聞かれれば「心配です」って言う人はいるかもしれないけど。いまだにデマとか風評とかを信じてる人ってもうごく一部ですよ。それが実際の消費行動とか売り上げに影響してくることは、もうないと思ってます。むしろ、そこをあまりにも気にしすぎるせいで商売を広げられないということになるなら、「いつまでやってんの」っていう感じですよ。

細野　それでもネガティブな情報がいまだに拡散されていることが目に付いてしまいます。

竜田　でも、それもそんなに広がらないでしょう。

細野　以前と比べるとね。しかし、反論したほうがいいのか、スルーしたほうがいいのか、そこは悩むところです。

竜田　いちいちそれを取り上げてしまうことでかえって広がるってことがあるんで、だから、「こいつはもう無視していいや」っていうのをある程度決めたほうがいいんじゃないですかね。一方で、影響力を持つ人間が言い始めたら一応、反論したり釘を刺しておこうみたいな。そういう戦術的な区別というか。

細野　なるほど、線引きと見極めですね。風評に関して私が反省しているのは、初期の段階では荒唐無稽な風説の類を割とスルーしていたんですよ。甲状腺がんの話なんかも信じる人なんてそういないだろうと思っていたら、意外と信じる人がたくさんいて。

竜田　確かに。

細野　処理水の問題にもそういうところがありました。とはいえ、政府は原発事故を起こした側だったから、積極的に反論するのではなく分かっている事実と正しい情報とを説明するに留めていました。そうしたら、日本国内で放置されてきた風説をそのまま利用しての反対論を、お隣の韓国の団体や首長までもが言い出した。そのことには反省がありますね。

竜田　デマを取り上げることによって、逆に風評を蒸し返すことがあるので、そこに関しては冷静にやったほうが良いと思いますけどね。どうしても感情的になっちゃう。

細野　処理水はちゃんと安全を確認した上で海洋放出をしましょう、とかですよね。この種の決断は、やっぱり政治とか行政がしなければならないですから。

竜田　処理水をため込んでいる理由として「風評被害が起きるから」と言うけど、本当に風評被害が起きるかどうかを検証してほしいです。今だって、出回っている福島の魚を買っている人は、もうそれが好きで買っている、あるいは何も気にしないで買っている。そういう人が、じゃあ処理水放出されたからといって買わなくなるかといったら、絶対そんなことはない。必ず買いますよ、今買っている人は。

細野　漁業関係者を除くと、処理水を出すなと言っている人の中で福島の魚を食べている人はおそらく少ないでしょう。

竜田　福島以外の人で強行に反対している人は、デマ屋と同じ層で消費者ではないので、そこを気にしてもしょうがないです。もともと買ってないんだから。今の流通構造的に風評被害がそんな広がるかといったら、それほど広がる恐れはないんですよ。思い出してほしいのは、震災瓦礫の広域処理。

細野　私が環境大臣として担当していました。

竜田　あの時、ものすごい反対でしたよね。

細野　大変でした。

竜田　「放射能が危険だから」って、事実とは違う思い込みで反対しているわけの分からない人たちがいっぱいいいましたが、「風評被害を受けるから反対する」って言う人もいたんですよね。じゃあ実際、そのことで風評被害はありましたかって話ですよ。

細野　いや、なかったと思いますよ。

竜田　でしょ。

細野　東京でも受け入れましたし、私の地元の静岡でも受け入れています。

竜田　「静岡のお茶に風評被害が出るからやめてくれ」って言っていた人がいましたけど、実際に瓦礫の処理をやって、お茶の売り上げが落ちたかといったら——。

細野　直接的には関係なかったと思いますね。

「1mSv目標」は言いすぎだったのか

竜田　あの震災瓦礫の広域処理は、ちゃんと事前に計画されていて、こうやりますよと公表して、実際に放射線量を測って、世間に広くリアルタイムで情報公開しながらやっていった。そこまでやってたから、事前にあれほど懸念された風評被害は起こらなかったんですよ。処理水の放出だって同じことなんです。放出しますって言って、当然モニタリングはする。そうやって計画的に公表しながら進めていくことで、風評被害は起きないんじゃないかってずっと思っているんですけど、誰もこれに関して言ってくれない。

細野　竜田さんとしては、処理水を放出しても大きな風評被害は起こらないとお考えなんですね。

竜田　そんなに心配する必要はないと思っています。ただまあ、多少はデマを流す人たちとか、一部マスメディアが大騒ぎするので、本当はそこを抑えないといけないんですけど、多少騒がれようが、実際の売り上げはたぶん影響はしない。そう言ってあげたほうが福島の漁業者さんも安心するんじゃないかな。トリチウムがどうのこうのとか、安全だっていうこととかを言うのも大切ですけど、それよりもこの計画、この作業自体が風評被害に結びつく可能性っていうのは非常に低いことを、もっと言ったほうがいいんじゃないかって思いますよ。この視点で何か言ってくれる人が非常に少ないのが、非常に不満で。

細野　マスコミの影響は非常に大きいので、明らかにバイアスがかかっていたり、事実が間違っていたら的確に反論するということは必要ですよね。

竜田　それは必要ですね。福島県知事とかもそうだけど、「丁寧に説明を」としか言わない。そこも、もうちょっと何かやることあるんじゃないのと思いますよ。

細野　そこは福島の皆さんよりは政府ですよ。やっぱり国がすべきことです。国が腹を据えてやらないと風評は収まらないですね。

竜田　もっとも、「風評被害は全くない」とまで言ってしまうと語弊があって、外国とかには実際にあるし、あとは贈答品ですね。贈ろうとする側が「相手が嫌がるかもしれない」と気を遣って福島県産品を躊躇しちゃうみたいな。ギフトには特に風評被害が根強く残っているので、「風評なんて全然ない」って言っちゃうのはちょっと乱暴かもしれない。

ただ、それでも大きな影響はないはずなので大騒ぎしないほうがいいんじゃないかな。丸10年だからいろいろ話題にはなると思うんですが、そこで「まだ残る風評被害が――」とか言っちゃうと、それ自体が風評被害を大きくすることになる。復興庁さんも「風評被害払拭のために――」とか言ってますけど、何かをやるたびにいちいち「風評被害払拭のため」って付けないほうがいいですよ。ただ福島のものが旨いんだったら「旨いんだよ」って言う、それだけでいい。

細野　なるほど。「福島のものは旨い」それだけだと。

竜田　単にそれを食ってる姿を見せればいいってことなんだと思いますよ。中間貯蔵施設の除染土の再利用問題もありますけど、その除染土が膨大な量になってしまったことに関して、細野さんにちょっとお伺いしたいことがあるんです。こう言っちゃうとあれですけど、「線量1ミリ（追加被曝線量を年間1mSv）まで下げる」っていう当初の約束は、あれって正直、言いすぎたと思ってるんじゃないですか。

細野　そこは2011年の夏から秋にかけて、ものすごく悩んだところなんですよね。除染を始めるにあたって、当事者である福島県の理解と協力は必要不可欠だった。そのための話し合いの中で、やはり「目標1ミリ」を福島県側が強く望んだという事情はありましたから。

竜田　当時の福島のこともそうだし、規則もそうだし、いろんな圧力があったのは非常によく分かります。

細野　私が懸念したのは、1ミリを目標にすることによって、「1ミリにならないと安全じゃない」、もしくは「1ミリにならないと帰れない」という議論につながってしまうことだったんです。実際、竜田さんも作業員の時には1ミリを年間どころか1日で浴びたりしているわけじゃないですか。それでも問題ないわけですよね。1年間で1ミリだから、よっぽど影響が小さいんですよ。

竜田　1ミリくらいでは健康に何の影響もないです。

細野　そうなんですよ。除染の目標を1ミリと決めた時に、安全性の基準や帰還の基準とは全く違うんですと言い続けたんだけど、なかなか伝わらなかった。

竜田　全然、伝わらなかったですよね。

細野　結局、帰還をする時のいろんな反対運動にもつながってしまったし、安全性を懸念する意見の増加にもつながりましたよね。

竜田　その誤解を解くためにもう一回、何か発信される予定はないですか。

細野　具体的なファクトについて、きちっと発信していこうと思っています。例えば、甲状腺の被曝で甲状腺がんが増えるというのは、専門家と話していても、統計上も全くない。原子放射線の影響に関する国連科学委員会（ＵＮＳＣＥＡＲ）からもそれを繰り返し指摘されています。しかし、影響がないにもかかわらず検査を続けることによって、子供たちが本当は必要のない不安を背負わされたり、手術をしていたりする過剰診断問題が起こっている。それはやっぱり見過ごせないですね。

竜田　甲状腺についてはまさにその通りで、もう本当に検査を止めるべきだと、ことあるごとに私も言ってます。

除染土に関しては、結果的にあれだけ膨れ上がっちゃったものに対して、当時の真意が伝わらなかったことや、過剰な対応をしてしまったことへの反省というか。将来、放射線に限らずこうした大きな災害があった時に、世間の声に押されて過剰な対応を政府がしてしまわないよう、検証や教訓の共有は進んでいるんでしょうか。

細野　そこは危機管理に必ず付きまとうジレンマの問題でもありますが、まず非常時には色んな状況が特に複雑に絡み合っていて、「万能の解決策は無い」「決断までの制限時間が極めて短い」という前提があります。

例えば、原発事故が起こった直後は、高齢者の皆さんに避難してもらうかどうかも悩ましい判断でした。あの時も、高齢者の方々には残ってもらうべきだとの議論は官邸の中にもあったんですよ。ただ、そこで介護する人は若い方だったりもするわけです。若い人に残ってもらうとなると、今度はその人の子供はどうするのかという話にもなってくる。そうすると、年齢で分けるっていうのは現実的じゃないなと。

だからといって、一日じっくり考えて検討しましょうというわけにはいかず、瞬時に決断しなければなりませんでした。どういう決断をしても問題は必ず起こるんです。状況により対応の順序や優先順位を付けなければならない。そこが危機管理の難しいところですよね。

「忘れない」よりも冷静な検証を

竜田　そうですね。悩ましいのも、あとから責めることができないのも分かるんですよ。ただ、結果的にやりすぎたっていうのは、いくつかの局面でありましたよね。それに対して一個一個、「ここはこうしたほうが良かった」っていう話を、10年経ったんだからそろそろ出してもいいんじゃないかなという気はするんです。10年経った今も、関係者の方が生きていたりするとやりにくいところもあったりするので、場合によっては20年目にやったほうがいいこともあるかもしれないし。例えば「この判断のせいでこの人は死んだ」ってことになっちゃうとすごいキツいので、難しさもあるとは思うんですけど。

ただ、避難地域の解除にしても、これだけ遅くなって、そのせいで町が荒廃して帰れなくなった人も少なくない現実もある。「ここはもう少し早く解除しても良かったんじゃないの」っていうのは、もうそろそろちゃんと検証すべきなんじゃないですか。

細野　10年経って見えてきた現実として、川内村は震災前の8割にまで人口が戻っているわけですよね。あれはやっぱり、遠藤雄幸村長の帰村宣言が早かったことが大きかったと思います。当時は大変でした。村長は帰村宣言会見の時には顔面蒼白でした。しかし、明らかに結果は出ていますよね。

竜田　逆に双葉町は出遅れて、結果として今一番遅くなっちゃってる。10年というタイミングは良い機会なので、そろそろ「ここはもっと早くできたんじゃないか」「ここは逆に足りなかったんじゃないか」みたいな検証をしてほしい。なんかもう、「忘れない」とか感情的になって振り返るよりも、そういうところを冷静に、多少つらいことがあっても検証する。10年はそういう節目にしてほしいなと私は思います。

細野　10年は、私も一つの大きな区切りだと思っています。そうした検証も含めて当時の記録を後世まで残す意味もあり、竜田さんも含め多くの方々との対談を企画させていただきました。1mSvについては、検証が必要ですね。

そして最後に、福島のこれからについてです。竜田さんは福島にものすごく詳しいですよね。

竜田　しょっちゅう遊びに行ってますからね。原発事故とかそういうのとは関係なく、もう友達もいっぱいできたので、単に親しい場所の一つとして遊びに行きたい。機会があれば、また働きにも行きたいっていう感じですね。

細野　音楽もやられましたよね、ライブで。

竜田　もっと違う格好で歌ったりもしてるんです。それは、ご存じの方はお楽しみにということで。

細野　でも、『いちえふ』の続編も描いてもらいたいな。

竜田　そうですね。やっぱり、まずは現場に入れないと正式な続編っていうのはなかなか難しいので。また下請けから仕事の話がくるのを待ってからって感じですけどね。

細野　下請けだけじゃなくて、東京電力とかメーカーの皆さんからしても、こういうリアルな現場を知ってもらうっていうのはプラスだと思います。

竜田　本当は、今の最前線になっている現場とかに行きたいんですけど、まあ、それぱっかりはちょっとね。どうなのか。

細野　リアルな現場と、そこで皆さんが悩んでいること、考えていること、喜んでいることとかが伝わってくるとすごくいいなと思います。続編を期待してもよろしいでしょうか。

竜田　気長に待っててください。すみません。

細野　分かりました。今日はありがとうございました。

対話5：森本英香氏（元環境事務次官）

巨大国家事業となった除染、除染土の中間貯蔵施設、被災地の廃棄物処理、放射線リスクに関連した健康管理、そして間接的ではあるが原子力の規制。3・11を通じて環境省の役割は急激に拡大した。森本英香氏は、優秀だが線が細いと言われてきた環境官僚のイメージを大きく変える異色の存在だった。福島には依然として乗り越えなければならない課題が残っている。復興の最前線で福島と関わってきた森本氏から、除染土の再生利用、中間貯蔵施設の将来構想、リスクコミュニケーションのあり方などの現状と課題を聞いた。

＊

細野　森本英香さんは福島の原発事故以降、私とは因縁浅からぬ仲です。3・11の時、森本さんは環境省自然環境局の審議官でしたね。

森本　はい、そうです。

細野　自然環境局というと、国立公園などを担当してるイメージですけれど、具体的にはどのような仕事をされていたのですか。

森本　あの時は小笠原が世界遺産になる時期で、そのための作業をしていました。3・11の時は次のステップとして奄美や沖縄を世界遺産にするための準備で沖縄におりました。

細野　大事な仕事なんでしょうけど、少し楽しそうな（笑）。

森本　おっしゃる通りですね（笑）。

細野　それがぐっとシビアなところに引き戻されたのが、あの原発事故だったと思うんです。自然環境局の中にはペットを扱う部門があるんですよね。

森本　はい。3・11以降、自然環境局としてできることはないか考えながら毎日悶々としていたんですけれど、たくさんの方が避難されるとペットが残されてしまうという状況が分かってきました。特に福島は大型犬の飼育が多かったので、多くの大型犬が放置されているとの指摘を大勢の方々から受けました。

そこで、元上野動物園園長の中川志郎さんという方が理事長を務める日本動物愛護協会という財団と協力して対応を始めました。福島の帰還困難区域に防護服を着て入りまして、他にも福島県の獣医師会や環境省と県、それからボランティアの方とも一緒になって救出活動を行い、三春町に作ったシェルターに保護しました。

細野　7月くらいからかな、避難区域に置き去りにされたペットについて、国内外で動物愛護の面からの批判が高まりました。東日本大震災がきっかけとなって、水害とか地震などの災害に遭った時もペットと一緒に避難するというのが一気に進みましたよね。

森本　そうですね。ペットが家族だと思っている人が多いですから、ペットを含めた避難計画を考えるようになってきたと思います。

細野　そういう仕事をしておられた森本さんに、新たな原子力の規制機関を作るという重たい仕事が回ってきた。当時、私は原子力の事故担当大臣だったので、新しい規制を作る必要性を一番強く感じていたんですが、保安院と同じように経産省の下に作ることは無理だと。しかし、全く独立したものを作るのでは責任の所在が明確にならないので、さんざん悩んで規制官庁である環境省をベースに作ろうということになった。当時次官だった南川（秀樹）さんに相談したら「ああ、でしたら大臣、いいやつがいます」と。「今、力が余っていまして、将来環境省背負って立ちますから」って連れてきたのが森本さんでしたよね。

森本　全然知らない世界でしたが、やってほしいということで。あの時に細野大臣に面接していただいたのを覚えています。

細野　あれを面接と受け取ったんですね（笑）。

森本　はい、面接だと思っていましたけど（笑）。

森本英香

1957年1月生まれ。大阪府出身。早稲田大学法学部教授。元環境事務次官。東京大学法学部私法学科・政治学科卒。1981年環境庁入庁。2017年7月から2019年7月まで環境事務次官。内閣官房内閣審議官（原子力安全規制組織等改革準備室長）、原子力規制庁次長、環境省大臣官房長、環境省大臣官房審議官（自然保護担当）、内閣参事官等のほか、地球温暖化京都会議（COP3）議長秘書官、国際連合大学（UNU）上級フェロー、East West Center上級研究員（アメリカ）、地球環境パートナーシッププラザ（環境省と国連大学の共同施設）所長等。現在、上記のほか、般財団法人持続性推進機構理事長などに携わる。環境基本法・里地里山法等の制定、環境省・原子力規制委員会の設立に関わるほか、福島の復興・再生、水俣病・アスベスト被害対策、海洋プラスチック等資源循環対策、原子力規制対策等に携わる。著書に「里地からの変革」（共著　1995年　時事出版）、「続　中央省庁の政策形成過程」（共著　2002年　中央大学出版）など。

細野　森本さんの中ではやる気になっていたでしょう、あの時。

森本　そりゃあもう、やれと言われたらなんでもやるスタンスですので、そのつもりでいました。ただ、どうやれば良いかさっぱり分からなかったというのが正直なところです。

細野　環境省って能力も理想も高い人が多いんだけど、新しいことには慎重な性格の人も多い。そんな中で南川さんと森本さんには本当に助けてもらいました。あれから環境省の仕事の幅がぐっと広がりました。災害廃棄物の処理、除染と中間貯蔵、さらには福島の健康管理にまで関わることになった。

森本　そうですね。今も福島の復興政策の一つとして、汚染からの再生はもちろん、さらに前に進むところまで環境省として関わらせていただいている感じだと思います。

細野　今でも私のことを「復興大臣をやっていた」と間違って覚えている人がたまにいて。そう誤解されるくらい原発事故収束担当大臣と環境大臣を兼務して復興に直接関わるようになった。皆さん、その変化によく付き合ってくれたなという気持ちです。

森本　当時の環境省は従来の規制一筋からの脱皮が始まっていたとは言え、まだまだ限られた狭い世界だけで活動していました。しかし、細野大臣の時に新しいステージに入ったのだと思います。未知の世界にも飛び込むようになった。特に若い人たちは柔軟で、福島に入ってものすごく苦労したみたいですけど、その分逞しくなりました。とても柔軟で、前例通りの仕事と管轄に縛られず、何か新しい知恵を出そうというふうに発想が転換されましたね。そういった意味では環境省にとってはプラスだったたと思います。

再稼働とリスクコミュニケーション

細野　とはいえ、原子力に関して新しい規制を作ることは特に異質でシビアな仕事だったと思いますが、今から振り返ってどうですか。

森本　原子力の組織と規制を作る作業ですね。役所では、新しい組織を作るにしても既存の組織の一部を発展的に伸ばすことが一般的ですが、これをとにかく否定しました。新しい理念で全く新しい組織を作ろうと暗中模索のスタートでしたけれども、非常にやりがいがあったと思います。

各省からそれぞれスタッフが来て議論しながら組織を作り、規制を作るという流れでした。しかし、あれだけの事故があって、その反省に立とうとする前提と理念は共有されていましたので、非常に活発で有意義な議論を経てできた組織だと思っています。繰り返しになりますが、今までの組織を否定して作った極めて珍しいパターンだったと思います。

細野　途中では国会で大いに翻弄されたり、お互いに苦心惨憺（さんたん）しながらも、なんとか次の年には法律を作ったわけですよね。

森本　法律を作ったことに加えて、規制委員会の5人の人選が重要でしたね。

これは本当に細野大臣にものすごくリードしていただきました。特に田中（俊一）委員長を説得していただいたことが一番大きかったと思います。組織というのは箱にすぎないので、最後に血とか肉を生むのは人であり、ヘッドの人選はとても重要です。あの時に福島出身であり、原子力について猛烈な反省の気持ちを持っておられる田中先生をリクルートしていただいたのは非常に大きかったと思います。

細野　非常に独立心の強い人でしたよね。何かを忖度(そんたく)したり影響されたりを絶対にしない強い意志を持っておられたし、色んな意見があると先延ばしにされるケースが多い中で、難しい判断から逃げない覚悟をお持ちだったことも大きかったですね。

森本　いやー、大きいですね。そこの決断力とか肚ですね。肚の太さというのは大きかったと思います。残りの4人の先生方も、原発に厳しい批判が集中したあの時期に、敢えて火中の栗を拾うような形で来ていただいたというのは特に感謝していますね。

細野　田中委員長が勇退されたあとの更田（豊志）委員長にも、流れを引き継ぐ形でやっていただいて。その結果、規制委員会そのものが原発の推進派からは批判され、逆に反対の側からも批判されている。これは宿命ですね。

森本　これは規制組織の宿命だと思います。例えば、原発の再稼働についても一定のルールと科学的な知見に従ってジャッジしていくわけですから、科学的な点をクリアすれば最終的に許認可を出すのは当然の職務です。

細野　私は2012年の春に福井県の大飯原発の再稼働にも関わったんです。まだ福島の状況は深刻でしたが、関西では電力不足によるブラックアウトの可能性もあった。新たな規制組織ができていない中、政府として安全性を確認した上でゴーを出したんですけど、本当に大変だったんですよ。2012年の9月に規制委員会と規制庁が発足した時に、本当にほっとしたことを覚えています。

森本さんは原子力規制庁の準備室長からそのまま規制庁のナンバー2の次長に就任された。そこで聞きたいのが、いわゆるリスコミ、リスクコミュニケーションなんですけどね。100点ではなかったかもしれないけど、規制庁はリスコミをかなり上手くやったと私は思っています。

森本　そうですね。田中委員長は、とにかく規制委員会は科学によって評価・判断するべきと常に言われていました。原子炉の審査はもちろん、リスコミも同じだと。その姿勢や言葉があったことで、僕らも自信を持って対応できたところはあったと思います。放射線の専門家である中村佳代子委員の肚が据わった飄々とした姿勢にも、非常に助けられた記憶があります。

細野　原発事故関連では、科学的ではない批判や論評というのも相当ありましたよね。例えば、事故直後は特に福島の食べ物の問題。今は処理水や甲状腺検査の問題が象徴的ですが、科学に基づいたリスコミというのは具体的にどういうことなんでしょうか。

森本　まずは、科学で言うところの客観的な「安全」の線をどこで引けるのかをしっかりと議論・指摘すること。もちろん、放射線も含めて完全かつ明確な線を引ける問題はそうないですけど、それでも一定の常識的なラインというのはあるんですね。しかし、問題が特に深刻化しやすいのは、安全かどうか以上に「安心」のほう。慎重かつ厳格な安全基準をラインに示したとしても、それだけでは誰も安心しないわけです。

では、具体的に一体何をすればいいのか。それは数字を掲げる以上に、その人たちが安心できる進め方、やり方、伝え方、プロセスが大事だと思います。特に田中委員長に指導されたことは、「誰が放射線のリスクを正しく伝えるかがとても大事だ」と。要するに、人と人との信頼関係の上に立たないと安心は醸成されない。これは我々としては目から鱗(うろこ)で、その方法を一生懸命考えたんですね。

細野　田中委員長は処理水について海洋放出するしかないと早い段階で発言をされてますよね。処理水問題は非常にこじれているけれども、田中委員長が発言をした頃は今より静かだったかもしれませんよね。

森本　そうした積み重ねの結果として、「田中委員長が言われるなら科学的に合っているっぽいな」という雰囲気がありましたよね。田中委員長もそうでしたから、私も非科学的な意見には非科学的だとハッキリ答えました。真っすぐ向き合って逃げない対応を私もやらせていただきました。

まだまだ社会に不安が残っている時期には、科学的事実を単に並べても人の心に刺さらない。でも、ある程度落ち着いてきた時には、むしろ堂々と科学的なところで反論したほうがいい。言わないと分からないケースは間違いなくありますので。

細野　なるほど、よく分かります。森本さんは原子力規制の仕事を丸々3年やられたのち、2014年に環境省の中枢の官房長に戻られた。中間貯蔵施設が問題になってきた頃ですか。

森本　そうですね。当時、すでに除染作業はかなり進んでいましたけれど、除去土壌をどうするかが問題となっていました。その時期に、地元での施設受け入れも含めた中間貯蔵施設の具体的な議論が始まったという感じです。

中間貯蔵施設建設のための用地買収

細野　環境省は水俣をはじめとした公害に対する規制からスタートしていますよね。それが201

1年を契機に、事業官庁として除染や瓦礫の処理などをはじめ、自ら施設を作る事業にまで初めて取り組んだ。中でも中間貯蔵施設はスケールが違う。土地の広さ、各種事業の契約規模などどれを取っても、国家としてこれまで取り組んだ経験がないくらい巨大な規模になったわけですけれど、相当な苦労があったんでしょうね。

森本　そうですね。大熊町と双葉町に苦渋のご決断をいただき、いよいよ中間貯蔵施設を建設する段階になった際にも、今おっしゃられたように「空前の規模」となった事業が環境省の手に負えるのかと非常に不安がありました。

そして何よりも、この事業は「多くの人の大切な故郷を使わせていただき、そこに除去土を持ち込む」ということです。その場所には当然、お墓もあれば、たくさんの歴史と人の営みもある。こういう状況でもなければ、本来は安易に買うべきでない、そもそも買えるものでもない中を、事情をしっかり説明してご協力をお願いする作業になりました。やはり、特に当初は地元の方の葛藤が大きくて、ご了解、ご理解をいただけない状況が1年くらいは続きましたからね。

細野　中間貯蔵施設建設に関する両町の合意から1年後、土地取得が全体の1割にも達していない状況を見て、大丈夫かと心配したのをよく覚えています。やっぱり、初期は大変だったんですね。

森本　大変でしたね。その後も土地購入の専門家の方にたくさん応援に来てもらったと同時に、いかにコミュニティの人たちと理解を深めていくか、そのためにはどなたと話せばいいのかというところにも注力しました。その町のコミュニティの在り様までをも含めて考える作業ですね。それを続けた結果、ようやく徐々に売っていただけるようになりました。

細野　環境省はそこまで現場に肉薄する仕事をしてこなかった。苦労はあったでしょうね。福島市や郡山市では日常生活が戻ってくる中で、自分の家の庭に、もしくは小学校のグラウンドの端に除染した土が埋まっているのを何とかしてくれという声が大量に来るわけでしょう。

森本　福島市に600人ぐらいの体制を作って事務所を構え、そこに環境省からも人材をどんどん送り込んで対応しました。派遣した若い職員には、最初は木で鼻をくくったような対応も見られたものですが、農水省や国交省、福島県から派遣されて来た職員に支えられながら、きめ細かい寄り添った対応を少しずつ学んで、問題を解決する経験をたくさん積むことができました。先ほどもお話ししましたが、そうしたプロセスの中で随分と若い人は鍛えられた、成長したという感じがします。

細野　難航していた双葉郡での中間貯蔵施設用地買収も、2、3年目くらいからかなり進展が見られました。ある程度、買収が進んだところで都市部からの運び込みが行われましたよね。

森本　現状では当初計画の8割近い土地が確保できましたので、運び込みをどんどん始めています。2021年度までにはおおむね運び込める予定です。

細野　全部。除染土を全て中間貯蔵施設に運び込めるわけですね。

森本　そうした除染土は総量で1400万㎥くらいあるんですけど、だいたい運べる計画になっています。

細野　私も関わったので手前味噌ですけど、よくここまできましたよね。

森本　本当は2020年に東京オリンピックがある予定でしたからね。それまでには、日常空間からの片付けを終えることを目標にしてきました。目標であったオリンピックは延期されましたが、こちらは当初からの計画通り着実に進んでいます。

復興に向けた除染土の再生利用という発想

細野　運び込みは皆さんの努力で結果が出ている一方で、うまくいっていないことの一つが除染土の再利用です。半減期などもあって放射線量は時間と共に必ず下がり、基本的に多くの除染土は放射線も含めて一般的な土壌とリスクに大差は無くなる。にもかかわらず、それらを実際の放射線量やリスクとは無関係に「放射性廃棄物」扱いのままにしてしまえば、管理するために必要な土地やコストがさらに莫大になり、本当に管理しなければならない線量が比較的高い廃棄物などに対するリソースも制限されてきてしまいます。

高線量廃棄物を除外した上で、線量が下がった土については再利用が必要だというのは、私は当初から明確に意識していました。ことあるたびに時の環境省の担当者には言ってきたんだけれど進んでいない。飯舘村内の長泥地区で実験が行われていますが、ほぼ停滞しているのが実情だと思うんですよ。

森本　うーん。比較的マシとはいえ、飯舘にも順調とは言い難いところはありますね。私も飯舘には頻繁に行かせていただいていますし、菅野典雄飯舘村長（※2020年10月退任）も長泥の区長さんたちもよく理解されてやってきたんですけれども。それでもやっぱり、先ほどの話でもあった放射能に対する不安っていうんですかね。「安全性は分かったけど、安心じゃない」っていう基本に、なかなか乗り越えられないところがありました。飯舘以外に二本松などいくつかのところでも除去土再利用にチャレンジの動きはあったんですが。

細野　飯舘村では再生利用された土で観賞用の植物栽培などが行われていますね。問題は道路の下に埋めるとか、コンクリートに混ぜて周りは違う物で埋めるとか、そういういわゆるインフラ関係に使うかどうかなんですけれど。環境省はこれまでもいくつもの壁を乗り越えて見事にやったと思う。ただ、ここはまだ踏み込み方が甘いと見ていましてね。

森本　言い訳になりますけれど、チャレンジはしたんですよ。例えば道路の下に入らないかだとか。チャレンジをしたんですけど合意が得られず、できなかったんですね。

細野　私がよく覚えているのは、原発事故時点で建設途中だった常磐自動車道での事例です。除染してからじゃないと道路を作れないとなると発注も別になるし、時間がかかるので、同時進行で作業できるように同じ事業者に頼んだ。平時になった今は逆に難しいかもしれませんが、もう一度、国交省と一緒に取り組んでもらいたい。それが浜通りの再生にとって非常に重要になってくると思うんですよね。

森本　はい。

細野　21年度で除去土の運び込みが終わるわけでしょう。再利用の目途が立たないまま終わったら、そのまま先送りから固定化されてしまうリスクがある。運び込みが完了する前にスタートしている姿を、ぜひ見せてもらいたいなあと思います。私もサポートさせていただきますので。

森本　再利用については、環境省はもちろん諦めずチャレンジする意思がありますので、そういったサポートをいただきながら進めたいと思います。

細野　あと、そろそろ議論したほうがいいのは、中間貯蔵施設の跡地を何に使うかなんですけれど、いろんな考え方があると思うんですね。例えば、環境省の経験でいえば、熊本の水俣は公害の歴史を乗り越えて、非常に綺麗な公園ができていますよね。私も実際に行って「ああ水俣っていうのはこういう町になってるんだな」ってすごくイメージが変わったというか、いまや水俣は環境都市ですもんね。

森本　そうですね。あの町自身が環境のことを意識して、それ自体を町の復興の柱にしようとされていますね。

細野　あくまで結果的ではありますが、浜通りに広大な敷地ができる。ですから、発想を切り替えて、何をやったら福島、さらには東北、日本にとってより有効かという議論をしていく時期なのかなと思いますね。

森本　あれだけ広大な土地を国が所有させていただいているわけなので、そういった特性を生かして地元にとって意義のある新しいチャレンジは、やってみる必要があると思います。

細野　話が元に戻るんですけれど、森本さんは原子力規制庁の次長としてのお仕事の中で、帰還の基準にも関わりましたよね。避難の基準が年間追加線量で20ｍＳｖに設定されていたので、そこを基準にしたわけですか。

森本　そうですね。結果的にそこを踏襲した形になっています。

細野　これを作る時、そして実際に帰還の段取りをするいろいろなご苦労、そのあたりもすごく大変だったと思うんですが。

森本　まだまだ放射線の安全性についての議論が激しかった時期に、解除の基準を新しく作ること自体に非常に抵抗がありました。反発もありました。でも、それを作らないと、まさに帰れなくなるわけですので。帰りたい方が帰ることを可能にするために、どうやったらいいかと。

　これは規制委員会がやるべき仕事なのかは微妙だったとは思うんです。それでも田中委員長が福島出身の方で、やはりこの基準を作らないと本当の福島復興はないという強いご意志を持たれていたのもあって、検討を進めさせていただいた。そんな感じですね。基準作成にあたっては、放射線に関する大家である丹羽太貫（おおつら）先生や福島の星北斗先生、森口祐一先生などにもご参加いただいて、オープンで活発な議論を重ねました。やりきった、作りきったという形かと思います。

　福島県には議論をオープンに、全て見せる方針でした。その上で、県からもいろんなアドバイスやご意見、サポートをいただいて、それらを活かしながら進めてきました。20ｍＳｖをベースにして避難は行われましたね、と。その20ミリという数値が科学的安全性の範囲内に充分に入っていることを科学者の方たちに言っていただいた上で、たとえ安全であろうとも不安は残ります。その不安に寄り添うために、例えば必ずお医者さんなり看護師さんなりの医療のプロをアドバイザーとして任命して、きちんと不安に対処していく。こういうことをセットでやることが大事だというのが、提言の骨子なんです。

細野　なるほど。しかし、現実はなかなか厳しくて、一番初めに帰還を宣言した遠藤雄幸川内村長は悲壮な決意で会見をされてね。それを支えるのは本当に大変だったと思います。

森本　実際に帰還をサポートする生活支援チームというのが別途あって、規制委員会はそれを後ろから支えるという形で関わっていました。

細野　森本さんは次官をお辞めになったあと、早稲田大学で授業をやる傍ら福島にも引き続き関わっておられる。福島には別宅があるんですよね。

森本　借りてます。別に特別何かをしているわけではなくて、そこに行っていろいろな人に会うとかしています。ちょっとした拠点があると県外を含めた方たちにも来ていただけて、また新しい交流が始まるという形になっています。そういう意味でも、こうして福島に家を借り続けるのも良いのかなと思っていますけど。

細野　そこは田中俊一先生ともダブるんですよね。田中先生は飯舘村に暮らしておられて、そこを拠点にいろんな方と会っていますよね。

森本　すごく精力的にやられてますよね。田中先生が今度泊まりに来られるんです（笑）。

細野　それでは、二人でゆっくりおいしいお酒を飲んでください（笑）。

対話6：緑川早苗氏（元福島県立医科大学放射線健康管理学講座／内分泌代謝専門医）

福島県民の健康問題を環境省で担当することが決まった時、私は政治家として重たい課題を背負うこととなった。この時の記憶は今も鮮明だ。「10年間続いてきた甲状腺検査は本当に福島のためになってきたのか」という問いから私が逃げることは決して許されない。甲状腺検査がいかなるものであったかを最もよく知るのは、検査の実務を担当する医師だ。緑川早苗氏は検査を通じて福島の子供と保護者の不安に正面から向き合ってきた。医者というある種閉ざされた世界にあって、緑川氏がここまで赤裸々に過剰診断の問題を語るのはなぜか。難解ではあるが、多くの読者に福島の甲状腺検査の本質を知ってもらいたい。

＊

開沼　最初にお伺いしますが、緑川先生はこれまで、著書でもオンラインでもあまりご自身のライフストーリー的なことをお話しなさっていませんよね。差し支えなければで構いませんが、ご出身は福島県内ですか。

緑川　奥会津の、只見川沿いにある過疎の町の生まれです。高校は会津若松の会津女子高校に進学して、それから県立福島医大に進学。卒業後はそのまま医大の内科（旧第三内科）に入局しました。

私が選択した専門領域が「内分泌代謝学」という一般的な知名度が低い病気の領域だったのもあって、震災前にずっと目指していたのは「福島県の内分泌の患者さんが、福島に暮らしながら東京、日本はもちろん、世界トップレベルの内分泌の診断治療を受けられるようにすること」でした。震災前までは本当に多くの患者さんを診させていただきながら勉強して、その生活に生きがいを感じていました。でも、震災後の甲状腺検査に関わってからは、私の中では全く別の人生が始まった感じにはなりましたね。

細野　まもなく震災と原発事故から10年が経過します。当初は福島に生活する方々の健康問題について、社会で多くの懸念の声があがっていました。原発事故直後のこと、そして健康被害の現状を先

緑川早苗

宮城学院女子大学教授（臨床医学）。福島県会津出身。1993年福島県立医科大学卒業後、同大学の糖尿病内分泌代謝学講座（旧第三内科）に入局。内分泌代謝専門医として下垂体、副腎、甲状腺などホルモンを分泌する臓器の内科医として診療。2011年原発事故後に開始された甲状腺検査に、初期には検査担当者として、その後検査の責任者の一人として関わる。甲状腺検査による住民への心理社会的影響と過剰診断とそれに基づく過剰治療の大きさから、検査の方法に疑問を感じ検査の改革を目指したが、福島医大内部から検査を変えることはできなかった。2020年3月末で福島医大を退職し、甲状腺検査に対する住民の疑問と不安に対応するためのNPO（POFF）を立ち上げ活動を開始した。また甲状腺検査の課題を科学的側面からも検証するため、有志とともに若年型甲状腺癌研究会（JCJTC）にて活動。2020年9月『みちしるべ～福島県「甲状腺検査」の疑問と不安に応えるために～』を大津留晶氏とともに出版。

POFF（ぽーぽいフレンズふくしま）https://www.poff-jp.com/

JCJTC（若年型甲状腺癌研究会）http://www.med.osaka-u.ac.jp/pub/labo/JCJTC/index.html

こどもを過剰診断から守る医師の会（SCO）https://twitter.com/MKoujyo

生は全体的にどうご覧になっているか、お話をしていただけますか。

緑川　事故が起こった当初は「チェルノブイリの再来」と言われたり、「レベル7相当」との報道が出ていたので、私たち医療従事者の間でも、「実際にどの程度被曝するか」を冷静に考えるより先に、恐怖が先立っていたのが現実だったと思います。

その中でも、チェルノブイリで報告されていた子供の甲状腺がんに対する懸念というのは、特に強かったんですけれど、幸い様々な人たちの努力で福島の原発事故は被曝線量という意味では非常に小さく、影響を無視できる程度だったことが分かってきました。それからは被曝のリスクは考えなくて良いと私たちも認識しましたし、今では住民の方々も、それで納得されている方が多いのではないかと考えています。

細野　2011年当時を思い起こすと、福島医大というのは地域医療の最後の砦(とりで)だったわけですよね。そういう場の内部であっても、事故の動揺は大きかったですか。

緑川　小さいお子さんがいる看護師もたくさん働いていましたし、やはりスタッフの間でも強い恐怖と混乱はかなりあったと思います。

細野　あの時、長崎大学医学部の山下俊一先生が福島医大の副学長になられました。被曝医療の専門家として、事故直後から「福島は大丈夫ですよ」と強く発信された。批判もありましたが、私はあの時期に山下先生があのような役回りをしてくださったことが、その後も含めて福島に大きなプラスをもたらしたと思っています。当時の現場の受け止め方はどうだったんですか。

緑川　もともと福島医大では被曝医療を専門にするスタッフがいませんでしたので、当初は放射線科を専門とする先生や救急を専門とする先生方がその役割を担ってくださっていたんです。ただ、原子力事故を想定したような訓練やノウハウを勉強してきたわけではないということもあって、悪戦苦闘なさっていました。やはり山下先生をはじめ、長崎大学や広島大学などから多くの被曝医療の経験がある方々が来て助けてくださったからこそ、福島医大はあの局面を乗り越えられたと思っています。

甲状腺検査はなぜ行われたのか

細野　改めて、皆さんのご尽力に心より敬意を表します。それがなければ県民の安心も到底得られなかったわけですから。

２０１１年も夏から秋頃になり、原発の状況がやや落ち着いたところで、「急場は何とか凌いだけれど、長期的に見た時に健康被害はないのだろうか」という声が福島県内で大きくなってきました。そこでスタートしたのが県民健康調査事業でした。

その頃に私は、原発事故収束担当大臣と環境大臣を兼務することになったんです。その事業の中心に位置付けられたのが、チェルノブイリで「増えた」とされていた甲状腺がんに関わる検査でした。緑川先生は当初からこの検査に関わっておられたということですが、甲状腺検査が始まった経緯について、お聞かせいただけますか。

緑川　私は、検査が始まる経緯やその意思決定には関わっていません。福島医大では小児科と公衆衛生、甲状腺外科学のそれぞれの教授、そして山下先生が中心になって福島県と相談しながら甲状腺検査の事業計画を立てられたと私は認識しています。

細野　実際の検査は２０１１年の10月頃、０歳から18歳までの子供と若者を全員検査するところからスタートしましたよね。検査数を見ると対象者は36万人にのぼりました。

緑川　最初の一巡目は対象者36万人で始まったのですが、その後、原発事故当時にお母さんのお腹にいたお子さんも二巡目から加えることになり、38万人が対象とされました。

細野　その時、最前線はどういう状態だったんですか。想像するに、聞き分けが良い子供もいるだろうけど、事故当時の胎児も含めての検査となると本当に大変なことだったと思います。

緑川　当時は検査を受けに来る人たちが会場に殺到する状況で、１日に１０００人を超える日もありました。５人から６人の検査担当者が、その人数をとにかく機械的に検査し続けた感じです。基本的に検査は無痛ですが、喉元に機械を当てられることに強い恐怖感を持つお子さんもたくさんいました。検査を嫌がって会場で泣き声があがることは本当によくありました。

細野　それこそ０歳児なんて、まだ会話もできないわけだから、大変な状態だったと思います。検査にはどのような心構えで臨まれたのですか。

緑川　とにかく、やらなければならないという使命感でしょうか。私は内分泌という甲状腺を含む領域を専門とする内科医ですし、当時は「たとえ事故で影響が出るような被曝はなかったとしても、病気が増えないことを検査で証明することが住民の安心のために役に立つ」と信じていたところもありました。ただ、検査をすれば所見が見付かるケースもある程度は増えると事前に思っていましたが、まさかこんなに見つかるとは予想していませんでした。

細野　一回目の検査で悪性ないし悪性の疑いと116人が診断された。これは意外な数字でしたか。

緑川　そうですね。多いと思いました。

細野　こういう無症状の人まで対象にした包括的な検査というのは、原発事故前には前例がほとんどなかったわけですからね。

緑川　チェルノブイリでの特定地域を除けば、そもそも甲状腺がんに対して地域の全住民を対象にしたような、特に無症状の若い人や小児を対象にした検査は今までされてきませんでした。少なくとも福島の周辺では、当時の高名な甲状腺専門家も含め、「こんなに高い比率で甲状腺がんが潜在している」と予見していた人は誰もいなかったと思います。

細野　「被曝とは全く無関係に、もともと甲状腺がんは高い比率で潜在していた」ことを疑わせる結果が出てきたわけですね。福島から遠く離れた青森県、長崎県、山梨県の3県でも、4000人を超える健康な子供たちを対象とした比較調査が実施されましたが、3県と福島との間にも統計上の有意差は見られなかった。

緑川　そうです。ただ、3県調査の当初の目的は、福島での嚢胞（A判定の中でも「A2」とされた判定の人）が非常に多かったことで高まった不安の解消でした。A2とされた方々が、「これは前癌病変じゃないのか」とすごく心配されてしまったという前提があって始まったんですね。本来は安心を得るためのはずだった甲状腺検査をやったがために、「結果がA2だったから自主避難する」みたいなことが福島の中でたくさん起こったんです。

「こんな線量では健康影響なんてないと言っていたのに、実際に検査してみたら家の子はA2だった」とか「これはやっぱり被曝のせいで、正常じゃないんでしょう。ほうっておいたらガンになるんじゃないんですか」といった疑問や不安が福島の住民たちにどんどん広がってしまいました。それを解決する手段として、原発事故の被曝影響とは無関係な3県での比較調査が行われたと認識しています。

予防や検診の意味が乏しい甲状腺がん

細野 そこでご説明をいただきたいのが、甲状腺がんとは一体どういうものなのかということです。それを最初にハッキリさせることが、検査のメリットやデメリットを大勢の人に向けて広く客観的に示していくための前提となりますよね。現場に参加された専門家としての立場からお話しいただきたいのですが。

緑川 2011年の検査開始時点ではあまり見られなかったものの、2014年くらいからは甲状腺がんというのは「健常者に検診をすることで、かえってデメリットを引き起こす過剰診断が起こる」との指摘が多く見られるようになってきています。

そもそも甲状腺がんとは、非常に予後が良いがんなんです。それはつまり、がんだからといって命や健康にほぼ関わらないというものなので、「早期発見・早期治療」という一般的ながんの原則が適用されないということが、がんを専門とする先生方の中でも共通理解となっているようながんなのです。甲状腺がんというのは、通常は症状が出てから病院で治療しても、それで治る。特に若い人では予後がさらに良いというのが分かってきています。若い人の甲状腺がんは進行も早いのだけど、他のがんとは違って逆に治りやすいという側面も持っています。予防や検診の意味が非常に乏しいがんだというのが、一般的な理解だと思います。

細野　お隣の韓国では20年近く前の一時期、甲状腺のがん検査が公的なサポート対象になったことで検査対象が増えたということがありました。韓国は検査数を増やしたことで、数字上では甲状腺がん発生率が世界一の国へと一気に跳ね上がった。その一方で、甲状腺がんを原因とした死亡率は検査を強化する前から全く変化がなく、低いままだった。さらに甲状腺検査の倫理的な問題も指摘されて結局、検査の補助そのものがなくなったんですよね。そういった海外での事例は議論になりましたか。

緑川　韓国での甲状腺検査の前例に関する報告は、２０１４年に『New England Journal of Medicine』という権威ある論文誌に出ましたので、福島の甲状腺検査でも同様に過剰診断が起こっている可能性は当然、話としては出てきます。検討委員会でも議論になっているはずです。

細野　その他にも、過剰診断の可能性を示すエビデンスとしてよく用いられる例としては、遺体解剖をして検査をした時に、実は無症状の甲状腺がんを抱えたまま、気がつかずに亡くなっていた人というのが相当数いると伺っています。

緑川　そうですね。そうした剖検のデータは日本だけではなく、１９６０年代から世界中で繰り返し多くの病理学者によって研究されてきたものですが、昔の論文からずっと一貫して遺体から10％以上の発見率が報告されています。フィンランドでは、全体の30％以上の人が無症状の甲状腺がんを持っていたとの論文もあります。解剖時に甲状腺を薄く切れば異変の発見率が上がり、そういう結果にもなります。

細野　つまり、事実として甲状腺がんであったにもかかわらず、症状も出ず健康にも全く悪影響を及ぼさないまま、他の死因で亡くなる方が非常に多いということですね。もちろん、仮に何らかの症状や異変が出た場合については手術をしてもいいけれど、少なくとも無症状の時に甲状腺がんを発見するメリットはほとんどない可能性が高いと。そうした様々な研究成果から、検査そのものが過剰診断だとの指摘があるわけですね。

緑川　そうですね。無症状の方に検査を行えば、過剰診断につながる場合が多いことが分かってきました。

手術をしないという選択を伝えても

細野　一次検査で何らかの異変が疑われての二次検査となってくると、針を刺す検査で子供に恐怖心を与えることにもなります。さらに、二次検査でパスできなかった場合、その親は心配して手術を希望するケースが多くなる。その辺のトラウマって、お医者さんとしては非常にシビアですよね。

緑川　ある時期から、私は二次検査の担当としても入るようになりましたが、本人や親御さんたちが二次検査に来た時に抱えていた悩みは相当深刻でした。

今でも非常に鮮明に思い出すのは、一次検査でしこりが見つかった場合、所見があるわけですから詳しい写真をたくさん撮らなくちゃいけないんですね。だから、検査の時間がその子だけ他の子たちより長くなっていく。そうやってたくさん写真を撮られている時点で、本人は「自分はがんなんだ」って思ってしまって。その後、二次検査の通知が来たことで、いよいよ「やっぱり自分はがんで、この検査に行ったらそのまま入院して、もう二度と生きて家には帰って来られないんだ」と思い詰めて、でも親御さんを心配させたくなくて、それを言えないんですよ、小学生のお子さんが。それで二次検査のブースに入ってきた途端に、その子は糸が切れたみたいに泣き崩れてしまって、ご両親もびっくりするような状況がありましたね。

そこまでではなくても、「これは見ただけでがんじゃないって分かりますから、大丈夫ですよ」と言ったとしても、親御さんとしては「心配だから細胞を取ってがんじゃないことを証明してください」というような人もたくさんいました。でも、親御さんはそういうふうに言うけれど、本人は首に針を刺されるのはすごい恐怖で、それを必死で我慢しなくちゃいけないという感じになって。

細野　本人もそうだし、家族の心配も本当に切実ですよね。先生がご覧になって、本当は手術する必要はないんだけれど、本人やご家族が手術を決断するケースもあったんですか。

緑川　その決心をする子供さんはたくさんいました。臨床の場を実際に想像していただくと分かるのですが、例えば「これはがんです。ただ、小さいし甲状腺がんは予後がいいし、このままずっと経過観察で終わる可能性もあります。もしかすると、いつか大きくなって手術が必要になる可能性もあります」という説明を受けたら、多くの人は「だったら今のうちに治してください」となる。子供たちも若いから、まさか自分が病気になるなんて想定をしていませんし、手術して治るんだったら早く取って治しちゃいたいと思うんですよね。だから、やっぱりどうしても手術を選択しがちになります。

細野　医者の側としては、手術しないという選択があることを伝えているわけですよね。
緑川　伝えているとは思います。
細野　それでも手術を選択する子供が多い。一度がんだと分かってしまったからには。
緑川　私が福島医大で放射線健康管理学講座の実習を担当した時、5、6人ずつのグループの中で「あなた方は全員甲状腺検査の対象者で、全員が検査を受けたとします。検査を受けた結果、がんと診断されました」という条件を仮定してディスカッションさせたんです。学生の中には福島県出身で、実際に検査の対象者であった方もいました。

ディスカッション参加者は全員医学生ですから、甲状腺がんの性質をしっかり勉強しています。改めて甲状腺がんの予後のデータを見せて、それぞれの選択理由もディスカッションの中でじっくり話してもらいますけれど、それらを全部重ねたうえで、最終的に「手術を今受けますか。それとも経過観察を選びますか」と選ばせたら、半分の人が手術を受けることを選択しました。そういう講義とディスカッションを3年くらい続けてやりましたけれど、平均しても大体半分以上の学生は手術を受ける選択をします。

それは、「ずっと経過観察をすることが怖い」というのが大きな理由ですね。本来は経過観察すらもいらないはずのものだけれども、やっぱり一度見つかって知ってしまえば、大きくなっていないかをチェックしたくなってしまう。「一生心配しながら半年に1回、あるいは一年に1回検査を受け続けるくらいなら、学生の間に手術してしまったほうがいいと感じました」というようなことを言う学生も多いですし、「予後が良いなら尚更、手術をしてしまえば、再発や転移を心配する必要がなくなって定期的に病院に通う必要もなくなるので、そちらのほうが良い」として手術を選ぶ人は医学生にも多く見られました。

細野　ましてや一般の方は医学的な知識がないわけですからね。小さなお子さんを抱えておられるお父さん、お母さん方が手術を希望する気持ちはすごく分かりますよね。

緑川　がんですから。それだけでもう、命を脅かす病気で早期発見・早期治療が最善策だと信じる方は多いですね。「がん」と一概に呼ばれても性質がそれぞれに全く違うという常識は、世の中にはまだ全然浸透していないので。

手術は将来の進路選択に影響する

細野　実はうちの妻が、過去に甲状腺の手術をしているんですよ。今から20年くらい前ですから、妻が30歳前後の時かな、甲状腺が非常に大きく腫れてきましまして。夫婦でしっかり考え、担当の先生と話し合った上で、これは取ったほうがいいだろうとなりました。手術後には、それが甲状腺がんであったことも分かりました。今は生活に支障もないですし、手術自体も非常に上手にやっていただいた。

うちの場合は、その判断は間違っていなかったと思うんですけれど、それでもやっぱり傷痕は残りますよね。薬も相当の長期間、飲み続けなければならない。あとで大きな問題だと気付いたのは、保険に入れなくなることですね。やっぱり、がんではあるのでがん保険に入るのが難しくなる。生命保険にもある程度の制約が生まれたと思います。

彼女の場合は、年齢的にも子供や若い人に比べれば、デメリットは比較的限定されていました。むしろ、見た目にも大きく腫れてしまった甲状腺を取ったメリットは、ＱＯＬ（生活の質）の観点からも大きかったと思います。ただ、同じことを小学生や成人前後でやるとなると、デメリットは無視できませんね。

緑川　過剰診断の害、あるいは非常に大きな不利益だと思います。実際、福島の子供たちも手術をすれば一律に「がん患者」扱いとされてしまいますので、生命保険やがん保険の加入に大きな不利益が生じますし、残念ながら将来の進路選択に影響することもあり得ます。また、本当はあってはならないのですが、結婚や就職の際にがんサバイバーの人たちが経験するような不利益を、本当は治療どころか見つける必要すらなかった病気によって受ける可能性があることは、皆さんに知っていただき真剣に考えていただく必要がある大きな問題だと思っています。

細野　経済的、また時間的な負担も大きいですよね。ある程度は補助があったとしても。

緑川　経過観察にしろ手術にしろ、経済的には小さくないデメリットが生じます。対象者が若いですから、ずっと一生続けるとなれば、相当の経済的・時間的な負担を強いられるんじゃないかと思います。

細野　何より、非常に大きいのは精神的なショックですよね。

緑川　わずかでも所見や結節が見つかった人は、仮にそれが全くがんとは考えられない良性のものだったとしても、「本当にがんじゃないのか、大丈夫なのか」ってずっと心配しながら経過観察を一生続けることにもなり得ます。ですから、皆さん相当大きい精神的ストレスを背負い込むと思います。「経過観察は必要ありません」と言われても、納得できない人もいます。見つけておいて、もう経過を見なくていいというのも無責任と感じるでしょう。

さらに、がんと診断されてしまった場合、どうしても「がんにかかってしまったのは何故なのか」という犯人捜しをしてしまうんですよね。がんのように多くの因子が関与して初めて発症するような病気とは本来、何か一つを原因と断定できるようなものではありません。それでも病気になった時というのは、自分を納得させるために「これが原因だった」と考えてしまう。

その時に、やはり今回はどうしても「原発事故の放射線のせいなんでしょう」というところに気持ちがいってしまうんです。そうすると、「自分は被曝したからこうなった」とか、お母さんとかお父さんは「子供を被曝させてがんにしてしまった」という強い自責感に苛（さいな）まれてしまう。精神的な負担は極めて大きいと思います。

倫理的な問題を孕む検査の続行

開沼　別の問題ですが、この問題は新型コロナウイルスでのＰＣＲ検査に関わる問題とも非常に似ていると思いました。仮に全員にＰＣＲ検査をすれば、偽陽性パターンなども出てくるし、対応や治療の優先順位に大きな混乱が生じる。そういう目の前の具体例と照らし合わせることで、甲状腺検査の問題も多くの人が理解しやすくなった面もあるのかなと見ております。

他の先生に伺っても、医療ではここ10年くらいで、甲状腺がんに限らず「過剰診断」という言葉が使われ始めていると聞きますし、かつての「早期発見・早期治療が大原則」というトレンドにも、ある程度の変更が求められる部分があるのかなと見ていますけれど、そうした医療全体としての問題をどうお考えですか。

緑川　医療は今まで、治療の意味でも倫理的にも良かれと思ってする形で発展してきたわけです。治療すべき疾患を早く見つけるとか、治療をより楽にできるようにするとか、患者さんのメリットが多くなることを目指してきたはずなんです。

一方で、これだけ医療機器や技術が発展してくると、そういう善意を前提とするだけでは対応できない、事前に予想できなかったマイナスが出てしまうことも起こり得ます。そうした副作用の存在にいち早く気付き、修正できるのが専門家の役割だと思うんです。

Code of Conduct（行動規範）というものを一人ひとりが持つことが前提にならないと、今の福島の甲状腺検査のように、これだけ多くの議論と提言がされているにもかかわらず、検査自体は何も変わらず粛々としてしまうという状況になってしまうのではないかなと思います。私自身も２０１５年、16年、17年の３年間には様々な提案や改革をしようとしてきて、一部叶ったものもありましたけれど、検査そのものは継続されてしまいました。

細野　包括的に全数に近い形の検査が行われ続けているわけですよね。その理由は何ですか。

緑川　まず、当初と同じやり方で、これからも検査を継続していくことを推進したい立場の研究者が少なからずいるということです。それから行政も、今までやっていた検査を縮小するとなると、一部から必ず批判を受けるわけです。それを非常に恐れているのではないかと思います。

細野　こうした包括的な甲状腺検査というのは、世界中で過去にほとんど行われていないので、そのデータは研究者の立場として見れば貴重なわけですよね。その研究が検査をされる側のメリットになるなら良いのだけれど、もし実態が逆で、研究データを得るために被験者にメリットがない、むしろデメリットが大きい検査をしているのだとすれば、これは倫理的にも大きな問題です。

緑川　そうした倫理の面で、私は今の検査のやり方には非常に大きな問題があると思っています。そういう指摘を検討委員会で受けたこともあるんですけれど、充分な議論がされずに座長預かりとなってしまって。結局、被験者への説明文書が一部改訂されたのみで、やり方自体は全く変わらないまま検査が続けられました。

私が行った調査の中では、「甲状腺検査にはメリットとデメリットがあることを知っていましたか」というアンケートをすると8割の方は知らないと答え、「メリットとデメリット、どっちが大きいと思いますか」という質問に対しても「メリットのほうが明らかに多い」と思って検査を受けていらっしゃるのが実態です。これはもう、倫理的に非常に大きな問題ではないかと、2019年1月の国際シンポジウムで発表したんですけれど、その発言が大変お叱りを受けたというような状況でした。

知る必要も治療する必要もなかった所見

開沼　そういう状況なんですね。先ほどのお話にあった、行政が検査を止めることに対し批判を恐れている現状について、より詳しく教えていただけますか。

緑川　2016年くらいに、福島県小児科医会の先生方が甲状腺検査に関して県に要望書を提出されましたが、これに対し、「放射線の健康被害を隠蔽しようとしている」とのクレームを声高にぶつけるグループが複数ありました。もちろん、このクレーム自体は事実無根の不当な主張だったんですが、原発事故後に行政はそうしたクレームにトラウマがあったのか、外から責められること自体を非常に恐れていると感じています。

開沼 もちろん、予算など極めて行政的な理由もあるでしょうけれど、一方で何かを変える時の行政的なデメリットが強く共有されていて、前例を続けていくほうが無難という感覚があるということですか。

緑川 ありますね。

開沼 また、今日の対談で改めて難しいと感じたのは、甲状腺検査で発生する社会的な不利益ももちろんですが、健康への悪影響が具体的に伝わりにくい点ですね。例えば、甲状腺を切除することでホルモンバランスが取れなくなって慢性的な倦怠感に襲われるとか、若い女性で生理が来なくなったという話が聞こえてきます。そうした具体例を、内分泌系の専門家として、緑川先生により詳しくお伺いしたいです。

緑川 基本的に、甲状腺の切除が半分程度だけであれば甲状腺ホルモンはほぼ正常に保てます。大きな手術でなければ通常は半分残すので、薬を飲む必要はありません。けれども全摘やそれに近い切除をしてしまった場合、一生涯ホルモン剤を飲まなければならなくなります。

ホルモン剤を一生飲まなければならないことについて、「一日一回何錠飲むくらい、別にどうってことないでしょ」とおっしゃる方もいるかもしれませんが、薬を若いうちから一生飲み続けなくちゃいけないこと、飲み忘れると倦怠感や便秘、肌荒れなどの症状に襲われるというのはかなり不利益が大きいので、そんなに簡単なことではありません。まして、例えば新型コロナ感染症で病院に行けなくなって薬が切れたとか、地震や洪水などの災害で薬を紛失した上に病院にも行けない状況だって充分起こり得るわけです。

あとは妊娠出産にも大きなデメリットが生まれます。甲状腺ホルモンのバランスが崩れると月経が止まることがあります。甲状腺ホルモンが欠乏しても多すぎても妊娠しにくくなることがありますし、妊娠中の甲状腺機能を正常に保つために薬の調整をしたり、ホルモンバランスが崩れると流産のリスクも高まる場合があります。

もう一つ、なかなか話題になりにくいのですが、「首回りに傷がつく」ということ。手術した痕が他の人に見えてしまうんです。特に若い子だとケロイドができやすいので傷も目立ちやすくなります。だから、毎日の生活の中で傷痕を気にして首襟の開いた服を着ないように気を付けるようになったり、人の視線を気にするようになります。これも大きな問題だと思います。

それから手術のあと、声がそれまで通りに出なくなることがあります。かすれて出なくなるとか、出るようになるまでにだいぶ時間がかかるとか。「今まで歌うのがすごく好きだったのに、思い通りに歌えなくなったことが一番つらい」と言った人もいます。

手術というのは本来、リスクを交換することなんです。手術しなければ大変なことになるから、そのリスクと交換する形で手術を受けるわけです。けれども今回の場合は、偶然発見されて「手術をしたほうがいい」と思わされてしまって手術を受けて、その代償としてさらにマイナスを受けてしまう。やはり不利益が大きいと捉えるべきなのではないかなと思います。

細野　検査対象者の同意書に検査のメリットのみならず、デメリットについても記載されるようになりました。ただ、緑川先生としては、まだまだ対応は極めて不充分ということですよね。

緑川　説明文の改定はありましたが、対応として不充分です。まず「メリット」とされている内容が、医学界の一般的見解とは異なっていると思います。

細野　メリットとして記述されていることの一番目は、「検査で甲状腺に異常がないことが分かれば、放射線の健康影響を心配している方にとって、安心とそれによる生活の質の向上につながる可能性があります」とされていますね。

緑川　それは「検査を受けたら安心が得られる」という心理面のメリットですね。ただ、その文章を読むと、「検査を受けて大丈夫だったら放射線の影響はないと思えます」という意味に読めますよね。でも、実際に調べているのは、放射線の影響ではないんですよ。甲状腺にしこりがあるかどうかが分かるだけで、放射線との因果関係は分かりません。

細野　二番目は「早期診断・早期治療により、手術合併症リスクや治療に伴う副作用リスク、再発のリスクを低減する可能性があります」。

緑川　「そういう可能性がゼロじゃないですよ」とまでは言えるかもしれませんけれども、それはたぶん確立していないエビデンスです。そもそも、治療が必要ないものにメスを入れても比べようがないですよね。どのくらいの改善効果が見込まれるかなんて、比べようがないと思うんです。それをメリットと呼んでいいものなのか。

細野　三番目に「甲状腺検査の解析により放射線影響の有無に関する情報を本人、家族はもとより、県民および県外の皆様にもお伝えすることができます」。これは受ける側からすれば、個人に直接関わる問題ではないですよね。

緑川　「疫学的にそういうメリットがあるかもしれない」ということを書いているんでしょうけれども、ご本人が受けるメリットではないですよ。

細野　先生が福島医大の中から声を上げられたのは、非常に勇気のあることだと思うんですよ。率直に言うと、医者の世界というのはある種、閉ざされた世界ですし。

緑川　「あまりにも何も知らないまま検査を受けている住民の方々のマイナスが大きすぎるでしょう」というのが私の率直な気持ちでした。検査を受ける人はみんな、甲状腺がんや過剰診断のことを充分知らないまま、「この検査を受けることで、自分も福島も大丈夫だということを世界に証明できる」って信じて受けていて。

それなのに、ある日突然、本当は知る必要も治療の必要もなかったはずの所見で「がん患者」にさせられてしまう。一生続く不安と不利益を突然背負わされ、ありもしない放射線との因果を疑い、悩み続けることになる。

「そういう状況を医者が作り出していいのか」と自問を続け、次第に私はこの検査をどうしても許せなくなっていきました。それに加担してきた自分自身を、何よりも一番許せないと思っています。そういう気持ちが2014、15年あたりから出てきて、その後ずっと、こうした発言をし続けています。

「福島だけは特例で対象外」としたい思惑

細野　緑川先生は２０１８年から甲状腺検査担当を外れることになったわけですよね。しかし、その年の10月には、世界保健機関（ＷＨＯ）の関連組織である国際がん研究機関（ＩＡＲＣ）から「原発事故後の甲状腺に対する系統的なスクリーニング（集団に対する検診）は推奨しない」という提言も出ていますよね。

緑川　そうですね。

細野　先ほど、行政の側は今まで行われてきた検査をやめることへの批判を恐れているとおっしゃっていたんだけれども、私は逆のリスクを感じています。検査のデメリットがあり、医療倫理的にも大きな問題が指摘されている検査を継続することで、近い将来に厳しい批判を浴びる可能性があるんじゃないかと。検査を実施し続けている福島県はもちろんのこと、政府も後押しをしているわけだから、そうしたリスクも考えるべきだと私は思っているんです。

緑川　私もその通りだと思います。もう２０１４年以降は「症状のない人に甲状腺超音波をあてたら過剰診断が起こります」というのが世界のコンセンサスになっています。２０１７年には甲状腺超音波スクリーニングについて、アメリカの予防専門委員会からは推奨度「リコメンデーションＤ」、つまり害のほうが大きいために「やってはいけない」とされました。これは「たとえ原発事故後であってもやってはいけない」とＩＡＲＣからの提言に書かれています。

そうした勧告まで出ている中で検査を強行し続けることには、「科学の面から見た妥当性がない」

のみならず、何よりも「倫理的な面での問題が大きい」。この二点から、それでも継続の判断を続けるならば、誰が最終的に責任をとるのかも当然考えないといけないと思います。

細野 将来的に継続の判断責任を問われる可能性があるとお考えになるわけですね。

緑川 そう思いますね。ＩＡＲＣの提言が出た時に、私たちは福島医大の中で「ＩＡＲＣからこうした提言が出た以上、福島でも対応する必要があるのではないか」と会議でお話ししたんですけれども、その時に「福島には適用されないと序文に書いてあるので、その提言のことはここでは議論しない」と返されました。

私が説明会等でＩＡＲＣの提言を紹介するスライドを作ると、「あのスライドは福島の検査に対して悪意がある」と指摘されて、スライドを変えるように言われることも起こりました。やはり、そういう様々な提言や世界の状況に対し、「福島だけは特例で対象外」としたい思惑が働いていると思います。

細野 時期から考えても、あの提言は明らかに福島での甲状腺検査をイメージして出されたと見るべきですよね。しかも、提言に関わった専門家の方の中で、ＩＡＲＣのルイーズ・デイヴィス博士は「『ＩＡＲＣ提言は大人の甲状腺がんデータに基づいているため、福島の甲状腺検査に適用できない』という見解は正しくない。この提言内容が福島の甲状腺検査にも適用されることを阻むものではない」ということを述べておられる。それにもかかわらず、提言の冒頭にわざわざ「福島には適用されない」との記述があるのは不自然です。ＩＡＲＣは単なる専門家グループではなく、ＷＨＯの関連組織ですよね。

緑川　ＷＨＯの中にあるがんの専門家組織ですね。
細野　事前にＷＨＯと日本政府の間で、「福島に適用するものではない」という一文を入れる調整が入った可能性も考えられます。
緑川　はい。

過剰診断のリスクを負わされる子供たち

細野　10年前に環境省が、この県民健康調査を担当することが決まった当時、私は低線量被曝のリスクについて長瀧重信先生はじめ様々な専門家の方々と相当議論していたので、被曝による健康被害は出ないだろうと捉えていました。しかし同時に、福島の方々の不安を解消することも必要だと思って、予算を確保した経緯があります。この事業に政府側当事者として関わっていたので、単に問題点を指摘するだけではなく、今後どうすれば解決に向かうのかを責任持って提案していかなければならないと思っています。
　10年経って、社会における放射線被曝への不安は落ち着いたと思いますが、やっぱりまだ気にされる方もいる。検査のメリットとデメリットが適正な形で説明された上で、希望する方々には従来通り無料で検査できる体制を維持すべきとは思います。課題はどうやって任意性を確保するかです。改善すべきポイントをいくつかお聞かせいただきたいのですけれど。
緑川　今のやり方で任意性を確保できなくしている原因というのは、まず子供全員を対象にしていることです。「あなたの検査はいつどこどこで受けてくださいい」というお知らせが届く形なので、そういう文章が県なり福島医大から届けば、一般の住民はこの検査を受けなければいけないと誤解するのは当然です。受けなくていい検査とは思えない。

ですから、任意性を確保するためには福島での事故によって被曝の影響が出るとは到底考えられないことや、検査自体のデメリットもきちんと説明した上で、それでも放射線の健康影響が心配で、甲状腺を調べていただかないとどうしても納得できないと思われた方が申し込む形にするべきなんじゃないかと思います。これが一つ。

それから次に、これも非常に重要な問題として、検査の場所として今は学校という場所を利用させていただいている状況ですけれど、学校でやれば当然、授業の時間帯にやることになります。「全員に必要不可欠な検査だからこそ学校でやっている」との誤解を生みますので、直ちに止めるべき検査のやり方だと思います。

この二つを行えば完全にオプトイン（承諾・参加）する形での検査になりますので、人数も限定されます。それならば、事前に充分な説明をすることもできると思うんです。

開沼　学校の授業時間帯に検査をするわけですから、検査を受けない場合は、みんなが検査をやっている間に取り残されるわけですね。

緑川　検査を受けない選択をする生徒は少数なので、教室で残っているだとか、あるいはそれが難しいケースもあるので検査会場まで一緒に連れて来られて、「あなただけ受けないから、ここで待ってなさい」という扱いをされたりして、検査を受けない選択自体が子供たちにとってものすごい負担になるんですよ。「受けない理由を学校の先生にどうやって説明したらいいですか」と相談されたこともあります。

細野　先生がオプトインとおっしゃっているのは、現状のように全員が検査を受けることを前提とするのではなく、検査を希望する人が自発的に手を挙げて、しかるべき施設に行って検査する形に変えていくということですね。

緑川　そうです。説明をまず充分にした上で。

細野　私も、それが解決策だと思います。原発事故から10年経過した今、妊産婦の検査は終了しました。出産や妊娠に関わるリスクはないということが専門家はもちろん、県民の間でもコンセンサスになった。これは本当に良かったと思うんです。甲状腺検査でも当初と異なり、すでに様々なことが分かってきた。加えて、検査自体が持つ大きな問題も指摘されてきた。そうした知見を積極的に反映させていかなければ、子供たちが不利益を受け続けることになってしまいます。

緑川　年齢が上がれば上がるほど、がんが出てくる比率が高くなりますので、本当に過剰診断の被害はどんどん広がっていってしまうと思います。

被曝影響を検証できないほど低かった

開沼　この問題を解決させるための動きが政治的・行政的に、少なくとも10年間は広がってこなかったというのは明確で、そこを広げる方法はいろいろあると思いますけれど、どういう方向に改善されれば動きが広がるのか。細野さんとしてはどうお考えですか。

細野　残念ながら、この問題に関心を持つ政治家が現状極めて少ない。福島選出の議員は別ですが、全国となると感覚的には一桁かもしれません。10年の時間がすでに経過しましたので、国会議員全員が関心を持つのは難しい面もありますが、理解者を増やしていくことが必要でしょう。

もう一つは、たとえ問題を認識していた場合でも、政治家が積極的に発言してこなかった傾向があったと思います。これは原発事故問題全般に言えることです。踏み込むことに政治的なメリットを見出せなかった、あるいは、先ほどの行政のお話にあったことと同様に、「前例を止める」ことで受ける批判を避けてきたと言えるかもしれません。

事故から間もない頃には確かに、「まだリスクが明らかとは言い切れない」というのが責任ある態度、とされた時期もありました。しかし、この10年で状況は大きく変わった。それを社会に広く伝えていく必要があるわけです。それは多くの反発や批判を招く茨の道なのかもしれないけれど、すでに明確となった科学的事実すら言いよどむことは、当事者に不利益を押し付ける無責任な態度でしかない。それを勇気を持って乗り越えることこそ、政治家の果たすべき役割だと思うんですよ。

緑川　「原発事故後の不安に対応するため」という目的が最初にあったので、「そもそも福島における低線量被曝の健康影響を甲状腺検査で明らかにできるのかどうか」という議論すら充分されないままに始まってしまったところもあるんですよね。

今や放射線影響の研究者の間では、「福島での被曝量は、実際には被曝影響を検証できないほど低かった」というコンセンサスがほぼ得られています。ですから、検査同意書に記載されているメリットに「検査で甲状腺に異常がないことが分かれば、放射線の健康影響を心配している方にとって、安心とそれによる生活の質の向上につながる可能性があります」とありましたけれど、それは事実上、できないことをメリットとして書いていると思います。

細野　福島での被曝線量は世界の一般的な地域と変わらず、リスクを比較しようにも比較対象と数値がほぼ変わらないことを明確に言うべきですよね。

緑川　そうです。先ほど長瀧先生のお名前が出ましたが、当初は「放射線の健康影響を慎重に計画して調べないといけない」と考えていらっしゃった長瀧先生が、お亡くなりになる2カ月前の2016年9月、国際シンポジウムで甲状腺検査の課題を発表した私に「あなたのお話には感銘を受けた。甲状腺検査は変えなくちゃいけない」とおっしゃってくださったんです。その言葉が今も、私の中に長瀧先生の遺言のように残っています。

細野　長瀧先生は本当に立派な方でした。チェルノブイリでたくさんのお仕事をされ、福島でも未曾有の災害における難しい役割を引き受けてくださった。非常に重要な提言をいただいたことを今でも思い出します。長瀧先生の遺言は重たいですね。

甲状腺検査の問題は非常に深刻かつ難しい話ですが、本日は重要なご指摘を沢山いただいたと思います。私にも責任の一端がありますので、お話をしっかり受け止めて何としても結果につなげていきたいと思います。

第2章

10年たった現場へ

（対話：細野豪志　文責：開沼博）

対話1：渡辺利綱氏（前大熊町長）
対話2：南郷市兵氏（ふたば未来学園中学校・高等学校副校長）
対話3：遠藤雄幸氏（川内村長）
対話4：遠藤秀文氏（株式会社ふたば代表取締役社長）
対話5：大川勝正氏（大川魚店代表取締役社長）
対話6：佐藤雄平氏（前福島県知事）

被災自治体の現状を知る方法

3・11から10年。福島は、今どうなっているのか。

その問いへの答え方は幾通りもあるだろう。ただ、その全体像を摑むこと、最新の状況を正確に理解するのは簡単ではないかもしれない。地域の復興は今も常にダイナミックに動いているからだ。

初めて3・11被災地の現状について知ろうとする人向けに、まず自治体の状況について、おさえておくべきことを「12・8・4・2」という数字を使って説明してみることにする。

まず12。

これは避難指示を経験した自治体の数だ。12の市町村(広野町のみ町独自の判断での避難指示、他は国による避難指示)が自治体の一部または全部に、許可なくして人が立ち入れない、事業者の営業もできないエリアを抱えることになった。ただ、10年間かけて徐々に避難指示の解除が進み、2020年春には、最後まで全域に避難指示がかかっていた自治体である双葉町でも避難指示の解除が始まった。

もちろん、今も帰還困難区域はじめ居住が制限され続けるエリアはある。ただ、帰還困難区域においても、その内部に特定復興再生拠点区域という、優先的に避難指示を解除することを目指して集中的に除染やインフラ整備がされるエリアが指定されて復興が進みつつある。産業面では、再開したサッカーナショナルトレーニングセンター・Jヴィレッジや東日本大震災・原子力災害伝承館をはじめとする伝承施設を核とした交流人口の増大、大熊町のイチゴ、楢葉町のサツマイモ、浪江町のトルコギキョウ、葛尾村のコチョウラン、川内村や富岡町のワイン用ブドウなど特徴ある高付加価値型の作物生産の取り組みも始まっている。原発事故があったからこそ、独自性を出し強みにしようとしているのだ。

次に8。

これは、12の中で双葉郡に所属する自治体の数だ。福島第一原発、そして事故を起こさなかったものの廃炉が決まった福島第二原発、この両方を抱え、原発事故による被害の集中したのがこの8町村に他ならない。双葉8町村の中で、もともと人口規模が大きく行政機能や飲食店・宿泊施設なども多かったのが富岡町と浪江町だが、両自治体の住民の帰還の割合は1割程度と伸び悩んでいる。一方、広野町はみなし居住率（住民票を置く町民と、住民票を置かずに廃炉等復興関係の仕事のために長期滞在する住民とを合わせた数を分子として住民基本台帳の人口を分母に置いた居住率）が約140％と、3・11以前よりも実質的な町の居住人口が増えている。他にも、川内村が8割、楢葉町が6割と、住民の帰還が進み、地域内の事業者も盛んに活動していることが分かる。その点では、地域内での復興の格差が顕著になってきているのが双葉8町村の今だと言えるだろう。

4は何か。

これは双葉8町村の中で原発が立地する自治体の数だ。福島第一原発は北から双葉町と大熊町に、福島第二原発は同じく富岡町と楢葉町にまたがって立っている。いずれの原発も少なくとも数十年の時間がかかると言われる廃炉プロセスの途中にある。廃炉産業という言葉もある通り、廃炉自体が産業になる側面は確かにある。実際に、福島第一原発では現在4000人、ピーク時は7000人ほどの雇用が生まれてきた。だが、当然、その雇用吸収力は原発が通常の営業運転・定期点検をしている時期よりも弱く、時間が経過すればほとんど人が必要なくなる時期も来る。その点で、3・11前よりもすでに雇用が減り、今後さらにそれが加速することを見据えて代替産業を作っていく必要がある。今は、中間貯蔵施設や帰還困難区域の整備など、周辺地域での雇用も発生しているが、こちらもいずれ落ち着くことを踏まえて、広い視野で何を地域の強みにしていくのか、考える必要があるだろう。

最後は2。

これは原発立地4町の中でも、福島第一原発が立地するがゆえに町の相当範囲が帰還困難区域になり、避難指示解除など復興のスタートが顕著に遅れてきた、双葉町・大熊町だ。やはりここに3・11被災の中心はある。福島第一原発＝「いちえふ」のみならず、中間貯蔵施設がこの2町にまたがってあることも含めて課題の解決には長期の視点が求められる。

ただ、そこにあるのは後ろ向きの話ばかりではない。3・11前には開通していなかった常磐自動車道がこの地域を貫通し、東京から数時間で来られるようになった。雪は積もらず、渋滞も少ない。さらに、除染で出た土壌等を円滑に中間貯蔵施設に運ぶことができるよう、この地域には複数のインターチェンジや頑丈な道路等が整備された。ＪＲ常磐線も再開通し、東京から直通の特急列車もある。新たな産業団地が用意され、例えば、双葉町の中野地区には20社規模の企業の進出が進んでいる。大熊町は「２０５０ゼロカーボン宣言」をして、環境に配慮したまちづくりを進め始めたところだ。様々なものを失った地域であるが、だからこそ、かつては存在しなかった新たな可能性に開かれ、世界の先端的なモデルになるような地域づくりをする道も見え出している。

対話1：渡辺利綱氏（前大熊町長）

この10年は暗中模索の10年だっただろう。ただ、激動の中で常に前を向きながら、復興のフロンティアを切り開いてきた人々もいる。その人々は、それぞれの現場に関わってきた中で、地域の来し方行く末をいかに見ているのか。

まずは、この３・11被災の中心にある２町のうち、先んじて役場機能と住民居住の再開を果たし、駅前の再開発等も急速に進める大熊町のこれまでとこれからについて、渡辺利綱・前大熊町長に話を聞いた。

＊

細野　まずは町長職お疲れさまでした。

渡辺　本当にお世話になりました。

細野　閣僚時代、渡辺利綱町長とは大熊町の避難先だった会津で何度もお会いしました。そして今日はここ、大熊町内でこうして再びお話しできることが本当に嬉しいです。この大熊町大川原地区に役場が戻ったのが２０１９年の４月でしたが、それに合わせて町長もここにご自宅を建ててお戻りになったんですね。

渡辺　役場の開庁式には間に合わなかったんですけど、町長職を退職する時には自宅は大体できあがっていました。生まれ育ったところで愛着があったので、できるだけ原型を残しながら元の自宅を建て直したんです。中は新築に近いような形になりましたけどね。

細野　大川原地区がこうして復興拠点になったのは感慨深いです。町長は2011年の年末頃にはすでに「大川原地区を復興拠点にしたい」とおっしゃっていましたよね。たしかに大川原地区は比較的線量も低かったし、常磐自動車道ができればアクセスもいい。そういう意味では実際に町内で一番条件がいい地区なんだけど、当時は「いちえふ」が立地している大熊町内にここまでの拠点ができることをイメージできなかったんですよね。

渡辺　やっぱり、帰りたい人がいる以上は帰れるようにするのが理想です。我々自治体としても戻りたかった。今戻っているのは大熊町全体の人口の4%ぐらいです。ここはもともと370~380世帯ぐらいの少ない区域でしたから。

細野　大熊町の本来の中心地は「いちえふ」の近くですもんね。

渡辺　そうです。駅を中心とした大野病院があった辺りが旧中心街でしたので。だから、ここは復興の前線基地という位置づけです。

渡辺利綱

1947年生まれ。福島県大熊町出身。宮城県農業短大卒業後、家業の農業を継ぐ。1991年に大熊町議に初当選し、2003年11月から07年7月まで町議会議長。07年9月に町長選に初当選し、東京電力福島第一原発事故後の11年11月の町長選では原子力災害からの復興をかけて再選。町長を3期務め19年11月に退任。

細野　住民の帰還は4％ですけれど、他にも住民票を置いていない原発の作業員の方が結構多く住んでいるんですよね。

渡辺　もともと大熊にいた人っつぅのは（※人というのは）300人ぐらいかな。その他、東京電力の社員寮に750人くらい住んでいます。あと廃炉などで関連企業の方が5000〜6000人いますね。だから日中は人が多いですよ。

　復興は時間との闘いだという面も強いんです。「いま2年ぐらい（※あと2年ぐらい）早かったら、もっと町民にも戻る人がいたんだけれど」って言ったら、皆「町長があんまり贅沢言うな」と。「震災直後に我々が来て見た時は、本当に双葉大熊っていうのは人が戻れるようになんのかなって思ってた」って言ってたんだけど。

細野　正直言って私の感覚もそれに近かったですね。先日、開沼さんにこの近くの大熊食堂に連れていっていただいて、美味しい食事をいただきました。あの辺りには住宅ができていて、犬の散歩をしている人もいたりして。

開沼　飲み屋もできましたし、これからお店など入った施設ができて住民の利便性も上がるんですね。

渡辺　そうですね。3月までに新しい商業施設ができますし、来年中には交流会館とか温浴施設等もできますから。あと学校はですね。2025年っていう、いま3年、4年（※あと3年、4年）先には公立の幼小中を立ち上げたいって形で計画を練っていますんで。

細野　町民の皆さんのいろいろな思いを背負って、町長が大川原地区を拠点にするんだってずっと言い続けられたから、形になったのだと思います。

渡辺　絶えず自問自答してきました。帰りたいって言う人がいる半面、もう大熊には帰れないんだから新たな生活を始めましたって人も半数以上いるわけですよ。「そんな帰れないところに投資するんだったら、我々町外に出る人をもっと生活支援してくれ」って声もありましたしね。

　大熊町民で良かったたっていう実感が得られるような施策っていうのは、口で言うのは簡単ですけれど、難しいですよね。十人十色っていいますか、高齢者と若い人たちで違いますし、男女の考えもまた違いますしね。

細野　双葉郡の町村長さんたちは、原発事故後に住民と難しい関係を抱えておられたけれど、渡辺町長は様々な住民の思いを全部引き受けておられた。渡辺町長で良かったなと思っておられる方が多いと思います。

渡辺　いやー、だんだん落ち着いてきましたけど、最初の体育館に避難した時なんかはもう大変で。唯一の情報っていうとやっぱりテレビだった。最初はそんなに深刻に考えなかったんで、2、3日ちょっと避難すれば戻ってこれるって思っていたら、朝6時前かな、細野さんから電話もらったんですよね。「今、首相官邸で菅総理から避難指示が出たから」ということで。あの時の電話ははっきり覚えているんですよ。今まさに、うちの消防の人に炊き出しをお願いして、体育館とか学校に避難した人に食事を提供しましょうって時でした。

細野　そうしたら、今すぐ避難ということになった。

渡辺　とにかく、もう西のほうにってことで。

町長の立場から解放されたい気持ち

細野　本当に大変な思いをされたけれども、町長はそれから会津に大熊町の拠点を構えられましたね。

渡辺　初めの避難先は船引町（田村市船引町）の体育館でね。体調崩す人が体育館の中じゃ結構出てきちゃって。じゃあ次どこにお願いするかっていう。お世話になった三春町とか船引町とか、近隣の町村では「学校施設が空いてるんで、どうぞ使ってください」って言われたんだけれども、やっぱり人口1万人全部が行くんでなくても、町を受け入れるんならある程度のキャパがないようではだめなんでね。

そこに100㎞圏内は危険だというアメリカの情報が入ってきて、ある程度距離があって医療機関がしっかりしてるところを探すことになった。あの時は町村がそれぞれに判断せざるを得なくて、会津にお世話になりますってなった。震災直後でやむを得ないとしても、国が避難先を紹介してくれれば良かったのかな。

平野（達男）復興大臣のところに行った時に、「町長申し訳ない」と。地震と津波だけでも大変なのに原子力災害っていう未曾有の大災害で、もう精一杯やっているんだけど、皆さんの思いや期待に沿えなくて申し訳ないって頭下げられた。そうしたら文句言えないって感じで、言うこと半分にしながら、「いやー、とにかくよろしくお願いします」って言ったんだけど。確かに現実そうだったからね。国も前例があれば対応もスムーズにいくんでしょうけれど、こんなこと今までありませんでしたから。

細野　町長は優しいですよね。確かにアメリカで言われたのは、ロサンゼルスの地震とカトリーナのハリケーンとスリーマイル島の原発事故がいっぺんに起こったようなものだと。その中で日本は頑張っているということでした。

　ただ、それは政府側の理屈であって、大熊町の人からすれば、ある日、原発が爆発して着の身着のままで逃げろと言われて、帰ってくるのに8年以上かかった。それは大変な被害ですよ。本当に我慢強く堪えていただいた。今、こうして町を復興しようとしていることは本当に尊いことだと思います。

渡辺　8年半を振り返ると、多くの人に支えてもらった。戻っている町民もそうですけども、職員も議員も一つの目標に向かって心一つにして取り組んだ。あとだから言えることですけど、むしろ充実した日々だったという思いもあります。皆さんにお世話になりましたからね。

細野　本当にお疲れさまでした。途中で町長職を退きたいと思われたこともあったでしょう。

渡辺　解放されたいっていうのは何回もありましたね。富岡の遠藤勝也町長が選挙に敗れた時に、首長何人かで「慰労会やっから」って言ったら、「そんなのはいいんだ、皆忙しいんだし」って言われたんだけれども、結局5人ぐらいでやったんだっけかな。その時に遠藤町長が「皆には申し訳ないんだけれども、ホッとした」って。

細野　私も同じ頃、富岡の遠藤町長ご夫婦と食事したんですが、「これでようやくかみさん孝行できる」と言っておられました。その後、あまり時間をおかずにお亡くなりになった。あれは悲しかった。

渡辺　本当に早かったですね。

帰る帰らないは住民一人ひとりの選択

開沼　原発事故の直後は町に戻るとは言いにくい空気だったと思うんですよ。大熊町や双葉町は何年も帰れないいんだとか、国が買い上げたほうが合理的なんじゃないかとか言う人が住民の中にいただろうし、県内外でも多くいました。実際にチェルノブイリでは人が戻らなかった事例もある中で、よく戻れたと思います。

渡辺　2期目の町長選挙の時、もう一人の候補は「新しい町を作りましょう」って言ったんです。マスコミさんがだんだんエスカレートさせて、「戻るか、新しい町を作るか」って対立軸を鮮明に描いたんですね。

相馬藩には野馬追に象徴されるように1100年の歴史があって、6万石ほどの小さな藩だけれどもずっと残ってきた。千年の歴史の中でお互い協力し合った積み重ねがあって初めて文化が栄えるわけですよ。そんなに簡単に人が一緒に住めば町ですよっていうのは妄想だっていうのを私は言ったんですけど。

細野　2011年の年末、政府は一定以上の空間線量となった地域に「帰還困難区域」という名前をつけたんですよね。私もそれを決める場面に居合わせて相当悩んだ。しかし、少なくとも5年以上帰れない場所についてはそう明言し、住民の皆さんに選択肢をお示しするしかないということに決まった。つまり、戻る人は戻る、戻らない人はどこかで新しいスタートを切ってもらうしかなかった。

その中で、こうして戻るという選択をした町民がこれだけ出たのは、やはり町長のリーダーシップだと思います。ただ、その町長をもってしても、当初考えていたより2年くらい遅れたとおっしゃっていましたよね。

渡辺　コンセンサスを得るのが難しいというのはあります。役場庁舎一つにしても、「戻るかどうか分かんないところに投資をしてどうするんだ」っていう意見もあります。それもひとつの考え方ですよね。私としてはやっぱり一歩ずつでも、長い時間かかっても、という形でやったんですけど、「帰る人が少ないところに、なぜ除染等の膨大な経費をかけるんだ」と、露骨に言う人もいますから。

でも、それは違うでしょう、原状回復っていうのは基本でしょうと。帰る帰らないは住民一人ひとりが選択するんであって、まず国とか東京電力の責任できちっと元に戻そうとするってことが大事でしょって言ったんだけどね。

細野　除染は帰還においてどういう位置付けになりましたか。2011年に福島県から自主避難する人はかなりいた状況もありましたし、除染には「それをすれば住める」という希望と安心をもたらした部分もあったと思うんですよ。それで、「除染しますから大丈夫です」と言うために厳しい基準が必要だとの大議論をして、結局、1mSv年間追加線量という高い目標を決めたんですね。

しかし、安心してもらうためとはいえ、実際の安全に関わらないほど厳格な目標を掲げた弊害として、「1mSvまで下がらないと帰れない」とか、「ちょっとでもその数値を上回ったら健康被害があるんじゃないか」と誤解された部分もありました。除染には功罪含めて様々な面があったと思うんですけれど、町長は今、10年間を振り返ってどう思われますか。

渡辺　この辺なんかも瓦一枚一枚拭いたりね、いろいろ細かくやりました。放射線量を下げる特効薬がなければ、そういう方法に頼らざるを得ないのが実状なんでしょうけど、お金がかかりますよね。だけども、やっぱり除染をすれば確実に線量は下がりますから、除染をして帰る環境を作るのが基本だと思います。

細野　「阪神淡路の時には5年間でだいたい大きな道筋をつけられた。自然災害が多い中で福島だけ特別扱いはできない」なんて言う国会議員の先生もいるんだけど、国にも大きな責任があった事故で、国がその片付けすらほとんどしないで放り出すのは、それは違うんじゃないかなって感じもする。やっぱり除染をして帰る環境を作るっていうのは大事かなって思うんですけどね。

開沼　開沼さんは楢葉町で帰還の議論に入られましたよね。

渡辺　そうですね。1ミリの目標以内に抑えるのが短期的には難しい自治体は、すでに帰還している他の自治体とは違う困難さがあったと想像します。やっぱり1ミリの縛りを意識されましたか。

細野　そうですね。飯舘の菅野（典雄・当時）村長なんかと話すと、それぞれの町村が独自の線量基準を設けて、町民村民の帰還を促すような制度を作ったほうがいいんじゃないかって言われた。ただ、現実的には「1ミリ」っていうのがみんなに定着してますから。

「細野大臣が5ミリくらいにって言ってくれれば、帰還までにかかる時間がずいぶん違ったんだ」

って言い出す人もいたんだけれども、今になって線量を変えるっていうのは現実的ではないと思います。逆に線量の基準を緩めて帰還を促しますってことになると、「なんでそこまでして帰そうとするんだ」って声が必ず出てきますからね。

細野　出てきますね。

渡辺　帰還や線量には賠償も絡むんで、「もっと東京電力からお金をもらってくれ」とか露骨に言う人もいますからね。いろんなものが複雑に絡み合っている。

細野　難しいですね。大熊町の中にはまだ帰還困難区域もあるわけじゃないですか。そこに帰るのに1ミリっていう目標をすごく意識をされるか、もしくは1ミリは健康影響とは直接関係ないから、引き続き除染は続けるにしても戻ろうじゃないかって雰囲気は出てきますでしょうか。

渡辺　その辺がなかなか難しいですね。私なんかも発電所立地の首長として、安全神話を過信しすぎた反省はものすごく大きいんです。だいたいどの程度の線量が日常生活の上での許容範囲なのか。国際的な基準なんかも含めて、子供のうちからだいたい自分でそれぞれの町民が判断できるという、一つの目安を確保できるような教育や知識を普及させておくべきだったなあって反省しているんですけれど。

「第二のつくば」を目指す道筋

細野　原子力はかつて「夢のエネルギー」と言われ、大熊町はそれとともに歩んできたわけですよね。ただ町長になった時から、ポスト原発も考えなければならないと思っておられたと聞きました。

しかし原発事故が起こり、大熊町は廃炉の拠点となった。依然として否応なく原発とは付き合わされているわけですよね。この町にはそうした姿と、同時に理想の未来像を描いたイノベーションコースト構想を抱く一面もある。この辺は非常に複雑な想いと状況を抱えていると思います。

渡辺　そうですね。そういった点では、大熊町は近隣町村ともまた違ったところがあります。大熊町は原発ができたその時から、東京電力との共生を40年続けてきましたからね。仕事仲間みたいなところもありました。だから、よく行政区の集まりに行って町民の方の声を聞くと、「いやぁ町長、東電の人も謝罪に来たけれど、我々も世話になってきたんだから、あんまり責められないんだ」と言う人もいる。マスコミ関係者と話しても、富岡、双葉、大熊町あたりの町民は東電に対して寛大だなって言うんです。確かに40年間のいろんな歩みは大きいですね。

開沼　双葉郡はもともと過疎の地域で、出稼ぎに行ったりする人も多かった。そこに原発ができたことで断続的に数千人規模の雇用を生み、定期点検をはじめ、地域の仕事を安定させた。今も第一原発はそれなりに頭数が必要な作業が発生しているものの、第二原発は廃炉で雇用が少なくなってどうするのかという部分はありますね。ただ、原発がなくなったあとの地域の雇用については、3・11前から入念に考えてらっしゃったと思いますし、今後はより考えなければならないと思います。

　大熊町はイノベーションコースト構想などを進めてこられたし、新たにイチゴを作ったりもしておられる。町長職を退かれるにあたっては、こうした町の方向性、前提を整えてやめられたという満足感があるのか、それとも、もっとこういうことをやるべきだったとの心残りが大きいのか、今の心境としていかがでしょうか。

渡辺　やめると見えてくることもありますね。現職時代、もっとこういうことをやっておけばよかったんじゃないかっていう反省もあります。原発事故がある前は、ベストミックスの形で水力から化石からっていう形で、日本はそういう点ではバランスとれてるかなって思いもありました。原子力発電所はもともと過渡的エネルギーということになっていたんです。いずれ原子力から脱皮して、新たなエネルギーを求めていかなければならない。国の支援制度なども活用して、今後あるべき町の姿を模索していきましょうってところでスタートしたばっかりだったんですけどね。

細野　これから国に頼らない、原発という単独のものに頼らない自立した大熊町、そして双葉郡っていうのを作っていかなければならない時代に入りますよね。

象徴的だと思うのは中間貯蔵施設です。あそこへのフレコンバッグの運び込みが来年度で終わると、それに関わってきた運送とか建設業とかで仕事が急激になくなっていくんです。さらに長い目で見ると、これからは復興関係の予算も減っていきます。その時にきちっとこの地域が自立的にやっていけるような産業を、どう作っていくのかという課題は残っていますよね。

渡辺　そうですね。我々よく思うんですけど、最後は人づくりなんですね。人材育成にお金をかけていくっていうか、そこに投資していくかだと思うんですね。震災直後に、これから双葉郡って大変ですよってなった時に、「第二のつくばを目指します」「双葉郡で教育に集中的に力を注いで、ノーベル賞候補者が出るくらいの環境を作りたい」っていう話を、当時の内堀（雅雄）副知事としたんですよ。

細野　第二のつくばっていいじゃないですか。イノベーションコースト構想もありますし、国際教育研究拠点はどこに作るかという問題もあるんだけれど、双葉郡全体を拠点にするぐらい広く構えるといいと思いますね。

渡辺　大事なことだと思うんだよね。

細野　先日、開沼さんと中間貯蔵施設を見に行ったんです。今は大熊町の7分の1くらい、かつては何千人もの方が生活しておられた場所に作られた、広大な面積を占める迷惑施設という位置付けにされています。

しかし、今やあの場所はすごく安定していて、放射線管理すらも必要ない状況になっている。視点を変えれば、いろいろな可能性があるんじゃないかと思うんです。中間貯蔵施設としての残り25年の間も、様々な活用や計画は進められるじゃないかなと。例えば、しばらくの間、バイオマスのエネルギーの拠点としていろいろな植物を植えるような方法もあるし、工芸作物みたいなものだって量産できるかもしれない。あれだけ安定的な場所で管理ができていて、まわりに家がないということは騒音問題がない。将来的に中間貯蔵施設としての役目を終えたあとには、宇宙産業などを誘致するなどの可能性もある。

渡辺　自民党の大島理森（ただもり）先生も「町長、あそこの土地を有効活用して、国際サッカー場でも作るか、それとも巨大な公園でも作るか」って。30年となるとすぐですからね。双葉郡全体が恩恵を受けるような形を、今からしっかり検討して取り組むべきだと思うんですけどね。

この地域の人たちが夢を持てるような、希望につながるような施設ができればいいなと思います。

残念ながら線量との関係も含めて、双葉郡内でも復興の度合いや考え方に町村それぞれで違いが出ていますけどね。こういう時だからこそ、逆に一本化して、双葉郡全体をどうするべきかという議論をしていかないとだめだと思うんです。やっぱり、それぞれで俺が俺がって我田引水になっちゃうと、自分たちの首を絞めるようになっちゃうから。

中間貯蔵施設を受け入れるということ

細野　私も最近気になりだしているのは、双葉郡や浜通りの中でも地域ごとにかなり温度差が出てきていることです。例えば、除去土の再利用にはいろいろな動きはありながらも、なかなか実現できない。あとは処理水。現職の吉田（淳）大熊町長は、あそこにあの状態で保管し続けるのはもうだめだ、何らかの決断をしてくれと言っています。ただ、福島県全体では少なくない人、特に漁業に関わっている方は海洋放出に強く反対している。

渡辺　トリチウムの問題なんかも、せめて双葉郡くらいは一本化して対外的にこうですって言う必要がありますね。双葉郡全体として良くなるためにどうするかっていう議論をしてもらいたいです。私と双葉町の伊澤（史朗）町長とは共に中間貯蔵を受け入れた仲で一蓮托生みたいなところもあって、いろいろ本音で話してきましたからよかったんですけどね。

細野　伊澤町長と渡辺町長で決断したんですものね、あの時。

渡辺　そうです。楢葉町もほんとは一部引き受けるってことだったんだけれど。

細野　廃棄物施設は楢葉、富岡にもいろいろな役割分担をしていただきましたが、中間貯蔵施設については最終的に2町で決断をしていただきました。

渡辺　当時は楢葉が帰還を目指し、そのための環境づくりを一生懸命やっている時でした。そこで、少しの量を楢葉に置いて水を差すくらいなら、双葉大熊で最初から全部引き受けましょうと。だから、楢葉は楢葉で別の感じで頑張ってくださいよってことで。そっちのほうが双葉郡全体での利益を考えた時にはやっぱり正論ですからね。

細野　そうやって受け入れていただいた、その気持ちに応えなきゃならないですよね。ですから、この地域を中間貯蔵施設の利用や土地利用に関しても含めて、本当にいい場所にしていかないと。

渡辺　それには、受け身でなくて能動的に自分たちが考えてね、特に大熊の名前を変えたらどこにでもあるような金太郎飴のような町ではだめなんだと思います。状況を一番知っているのは町の職員なんだから、国にちゃんと言うべきことを伝える必要がある。なのに「国から言われました」ってすぐ帰ってくるから、それじゃだめだって言うんだけど、職員なんかも弱いんだな。国だって頭の固い人ばっかりじゃねえんだから、ちゃんと事情や心情を伝えると一生懸命努力してくれるんだから、ぶつかって懐に飛び込んでけって言うんだけど。

細野　自治体が単に要望するだけじゃなくて、具体的なビジョンを持ってこれをやりたいからどうだって突きつけられると国もやっぱりそれは考えますよ。そこだと思いますね。これまで苦しい10年だったと思うんですけど、これからはどうマイナスをなくしていくかじゃなくて、いかにプラスを積み上げるかを議論する段階に来てると思うんですよね。そういうのは、国がこれどうですかあれはどうですかって提案してもうまくいかない。ビジョンが地元から出てきた時に初めて形になっていくといいますか。

渡辺　大熊なんかは、今までの既製のインフラ、社会資本があるのに、使いこなせていないところが結構ある。新たなキャンバスに自分の思い通りに絵を描けるっていうのは特権でもありますからね。だからそういう点では、50年先、１００年先にこういう町を目指しますっていうようなもの、そういうビジョンっていうか夢をもってあたれば、これはまちづくりやっていて面白いでしょうっていう。大変なんだっていう点じゃなくて、楽しみがあるんだ、自分たちが絵を描くんだから頼むぞって言うんだけど。

突出した人材が出ることを期待する

開沼　この地域の一番のキーポイントは、人がどう育っていくかだと思います。大熊町は事故の前は原発があることで国と向き合ってきた経験はあったけれども、それどころじゃないタフな向き合いを３・11後には求められた。今後はいわゆる合併論も関わってくると思いますけども、人口が減っている中でそうした担い手がなかなか出てこない環境かなと思います。

渡辺町長の場合、過去に一度、町長を辞めたいとの意向がメディアで報道されたあと、結局もう一期続けたという経緯もありました。町長を引き継ぎたいタイミングでしかるべき人に引き継げなかったという事情もあったんでしょうか。

渡辺　職員にも、「いろんなこと俺なんかより良く知ってんだから、どんどん持って来い」って言ってたんですよ。失敗してもそういうのは次につながるんだから出し惜しみをすんなよって。最後に責任とるのはトップなんだからやりたいことやれっていうんだけど、なかなかやっぱりそういうのはできないんだ、職員の人は。ボトムアップは理想だけれども、それを待っているんじゃ何も動かないっていうのが現実にあった。

それでも職員が本当にやる気あったならば、人口1万人の町なんていうのは町長と議会がある程度うまくやっていると意思決定は早いですから。町長が「よし来い」っていうと、議会も「よし協力する」って感じで、やる気になればできる環境にあるんです。ここ何年かのうちに大きな方向性を出して、みんなで協力してやっていける状況を作ってもらいたいなって思っているんですけどね。

細野　福島の高校生と話すと、あの時、小学校の低学年くらいなので原発事故の時の記憶はおぼろげなんですよ。「過去をどう取り戻すか」ではなくて、「これからどう行動するか」がより重要ですね。以前のことを知らないだけに、新しいものを創っていこうって発想する世代が出てきますよ。彼らをまちづくりに取り込むことは良いことだと思います。

渡辺　そうですね。大人だけじゃなくて子供たちが生き生きしているっていうのは、俺らにも救いになるってよく話しています。いろいろな人に出会って刺激を受けて、子供たちにとってはむしろ環境が良くなったって。最初は埋没しちゃうんじゃないかなと正直思ったんだけど、少ないなりに存在感を示して堂々と頑張っている姿っていうのは本当に元気付けられました。

細野　こういう課題が多い場所だからこそ、突出した人材が出てくると思いますよ。

渡辺　そういう点では期待して見守っていきたいと思っていますけどね。

細野　ぜひこの場所にどんと構えていただいて、大熊町と双葉郡全体に睨みを利かせてください。

渡辺　やめたら余計なことを言わないってことが大事だと思います。老婆心ながらなんて変なこと言って憎まれるよりは、距離をとって見守っていくっていうね。役場から近いから、結構いろんな人が来ます。先日、参議院議員の増子輝彦先生が来てくれました。私が覚えてるのは、民主党政権の時に増子先生が「細野さんに代表選に出てくれって町長から電話してくれ」って言うんですよ。経済産業副大臣の時、地元のためにいろいろやってくれた増子先生の言うことは聞かなきゃいかんと。

細野　2012年9月の代表選挙です。そんなこともありましたね。

渡辺　あの時、細野さんに総理をやってもらえばよかったんだよなんて。

細野　あの時は政権の中にいて、復興に関わることで精一杯だったんですよね。3・11の経験があって、いろいろ考えた末に私も新しいスタートを切りました。

渡辺　ご苦労多いでしょうけど、まだ若いから期待していますので頑張っていただきたい。

細野　最後は町長に励まされてしまいましたね。ありがとうございます。

対話2：南郷市兵氏（ふたば未来学園中学校・高等学校副校長）

被災地の未来に花を咲かせるべく、10年のうちに、そこにはある程度の種と肥料はまかれた。ただ、復興のために投入されてきた予算や外部からの人は、近い未来に必ずひいていく。再建・新設された建物、インフラも老朽化する日は来るだろう。

その時、地域の持続可能性のために必要なのは「そこに生きる人」に他ならない。この地域での人材育成は喫緊の課題だ。それは地域の産業や自治を担う人材はもちろん、それを外から支えるような人材、あるいはこの地の経験を外の世界で活かす人材も含む。

3・11当時、避難指示を経験した地域に存在した学校は休校を余儀なくされた。小中学校には再開したところも多いが、高校は難しい。そんな中、この困難を前にしてもあきらめずに、むしろこの地域で育ったからこそ得られる、未来を創造する力を持った人材を育む。そんな先端的な教育をしようと新たな中高一貫校・ふたば未来学園が作られた。ＪＲ常磐線広野駅近くには寮が作られ、毎日、朝夕には電車通学の生徒たちと共に登下校する元気な姿が見られる。

設立当時から関わる南郷市兵・副校長に話を聞いた。

＊

細野　早いですよね。ふたば未来学園も、もう開校から6年ですか。この学校ができたときは本当に嬉しかったし、叶うなら自分の娘にも進学を勧めたいと思ったくらい期待をしていました。実際、素晴らしい学校になったと思います。

南郷　そう言っていただけて、よかったです。ありがとうございます。あっという間でもあり、長くもある6年でしたね。

細野　あっという間で長い。つまり、様々な出来事があったということですよね。

南郷　そうですね。私たちがこの学校でやりたかったことは、新しい福島と新しい社会像とを自分たち自身で描き、それに向けた課題を乗り越える力を持った人材を育てていくことです。今や、生徒たちが地域活性化プロジェクトに主体的に取り組む姿勢が文化としてすっかり定着をしました。それぞれが自分のミッションやテーマを明確に持って学び、巣立ってくれているというのが6年間で一番「ここまでこれた」という実感として大きくあ

南郷市兵

福島県立ふたば未来学園中学校・高等学校副校長。文部科学省初等中等教育局視学委員。元中央教育審議会教育課程部会専門委員。慶應義塾大学総合政策学部卒業。大手IT企業勤務を経て文部科学省入省。東日本大震災後は、被災三県の自治体との連絡調整を担当。震災を契機とした新たな教育の創造を目指した「創造的復興教育」を推進。福島県双葉郡の教育復興に携わり、ふたば未来学園の開校準備も担当。2015年4月、福島県立ふたば未来学園高等学校の開校と同時に副校長として着任。同時に中央教育審議会教育課程部会専門委員を務める。著書に、『「アクティブ・ラーニング」を考える』（寄稿、教育課程研究会 編、2016年　東洋館出版社）、『希望の教育』（筆頭著者、文部科学省創造的復興教育研究会 著、2014年　東洋館出版社）等がある。

撮影／和田剛

ります ね。

細野　ふたば未来学園の特徴である「未来創造探究」というのはどういうものですか。

南郷　我々の教育カリキュラムの核と位置付けているんですけれど、中学生も高校生もだいたい週に3時間くらいゼミの時間があります。そこで自らテーマを決めて地域の課題を調べ、課題解決に挑戦をしていこうというものです。

細野　理想的なカリキュラムですけれど、校内の先生方だけではとてもできないでしょうから、実際にやるのは大変でしょう。

南郷　先生たちも地域社会の課題、まして原発事故後のそれに関しては素人なので、実際の模範解答や解決方法は誰も知らない。当然、教科書にも書いていないので知ったかぶりもできませんし、解決に導くこともなかなか難しいんですよね。ですので、大人と子供が共に学びながら協力して地域課題解決に挑戦していくという、これを「伴走」と我々は言っていますけれど、こうしたスタイルを作り上げていくために2、3年はかかったと思います。

細野　なるほど。南郷さんが印象に残っているプロジェクトがあれば教えていただきたいと思います。

南郷　毎年それぞれに光るものがあるのですけれど、例えば、今春卒業の生徒で言えば、「地域交換留学」の構想ですね。これはＧｏｏｇｌｅで検索しても彼女のプロジェクトしか出てこなかったので、このワードを生んだこと自体がすごいなと思いました。彼女は、双葉郡を全国の高校生が回れるツアーをたくさん企画したんです。１００人以上を案内したのですが、同時に彼女は「いくらツアーで招待しても、実際に集中した関心を持ってくれるのはその瞬間だけなのだろう」「たぶん、帰ったら忘れてしまうんだろうな」という視点を持ったこともすごかった。

　福島に限らず、東京にも関西にも、どこにでも地域課題はあります。だからこそ彼女は、それぞれの地元の課題とも真摯に向き合い解決に進んでいける、いわば、それぞれの人材やテーマ同士をつなげる相互ネットワークを育てなくちゃいけないということに着眼点を持ったんですね。

　その結果、彼女は双葉郡内でのツアーをやった翌週には、双葉郡を訪れた子たちの家に、今度は逆にふたば未来学園の生徒たちがホームステイに行くということを企画したんです。ホームステイのホストとして受け入れた翌週には、立場を入れ替えてゲストとして行く。お互いの地元、それぞれの地域が抱える課題に共に向き合うべく、フィールドワークを行うわけです。

　東京の子たちのフィールドワークは当然、東京の高校生たちがセッティングします。東京の子がこっちに来た時には、2つほど印象的で面白いことを言っていました。一つは「東京には、福島みたいに地域課題解決に向けて頑張ってる大人っていないよね」ということ。彼らには地元の大人のことが意外と見えていなかったのでしょうね。もう一つは「そもそも東京には個別の地域課題みたいなものがないんだよ」ということ。「ベッドタウンみたいになっているから、恐らく地域っていうものがない」という。

細野　概念としてですね。なるほど。

高校生自ら県の助成金を申請

南郷　だから「東京には『地域課題』的なものがないからフィールドワーク先がない」と。こっちに招待した時は双葉郡富岡町とかを回った一方で、東京の子たちは最初、フィールドワーク先の候補として「東京の防災関係」などを提案していたんですけれど、ふたば未来学園側の生徒は、その提案に納得がいかなかったようでした。

「東京にも絶対、地域特有の課題はあるはずだ。例えば、今ある外国人との共生の問題とか」と提案し、それが一つのヒントになって、結局、東京では新大久保とかゴールデン街とかをフィールドワークすることになりました。

細野　新大久保というと、韓国街ですよね。

南郷　そうです。他にもイスラム系の方々のコミュニティなども訪れました。いずれにせよ、注意深く学ぼうとすれば東京特有の地域課題というものもだんだんと見えてきますし、実際には東京もまた、地域課題の宝庫だったんです。そのことに気づいたうちの学生も東京の学生も、途中から目をキラキラさせていましたね。

細野　他の地域との相互交流はいい経験になるでしょうね。ホームステイまでするとなると、なかなか普通の高校ではできないことでしょう。

南郷　そのために必要になってくるお金も、県の助成金申請まで自分たちでやらせたんです。やってごらん、と。最初に生徒たちが書いてくる申請書は穴というか不備だらけなんですが、申し訳ないけれども県の担当の方には一度そのまま受け取っていただいていました。書類に不備があるから当然、いろいろ返ってくるわけですよね。それを、先生と一緒になって修正していく。

細野 申請は通りましたか。

南郷 無事に通りました。大変でしたけどね。

細野 すごいな。そういう経験まで積んでるんですね。新型コロナウイルスの中で、ふたば未来学園の「生徒が自分で考え、主体的なコミュニケーションを取る」という理想を実現するのは大変だったでしょうね。

南郷 我が校の強みは課題解決のためにどんどん地域に飛び出していく、その過程で自分の生き方を見つけていくという学びにあります。いわゆる「ステイホーム」とは対極の方針でしたから、新型コロナウイルスの影響で休校になった時は本当に、手足翼を奪われた印象でした。

ただ、そうした環境でも試行錯誤しながら挑戦をする素地は、生徒たちのみならず先生たちの中にもできていたと思うんですね。だから、県内でも本当に早いタイミングで、全ての教科で全生徒向けにオンライン授業ができました。オンラインの良いところ、そしてオンラインだけでは足りないところも含めて貴重な経験が得られました。今は感染に留意しながら、ほぼ通常の教育活動を行っています。

細野 NPOとか地域の人とか、著名な方も含め、本当にたくさんの方々がいろいろな形で関与していますよね。校内では、例えばNPO法人「カタリバ」さんの20代の若い皆さんが生徒たちのサポートに入っていますし、ご近所の方がカフェをやっておられたりもする。このカフェは実は高校生が経営していて、放課後になると生徒も店に立つんですよね。これもクラブ活動の一つと伺っておりますが。

南郷　はい。社会起業部という部活が経営をしています。

細野　そういう仕組みは、もうベースがほぼ完成したという感じですか。

南郷　おかげさまでベースはできています。あとはいかにその質をより高め、かつ持続可能にしていくかです。カタリバさんの経費に関しても、現状はいろいろな面で国や県の復興支援をいただいて成り立っている部分がありますが、我々としては、復興支援が途絶えたらそのままなくなってしまうような状態にしてはだめなのです。それらをどう持続可能にするかという仕組みづくりは、今の大きな課題ですね。

双葉郡の名門校の伝統を引き継ぐ

細野　前回お邪魔した時はまだ建設中でしたが、完成した校舎を見るとすごく工夫されていると感じます。オープンスペースも非常に有効に設計されていて、一つの街のようなコンセプトになっていますね。

南郷　そうですね。校舎が完成したことで一番大きいのは、地域との連携やコラボレーションが非常にしやすくなったことかと思いますね。2年前までは近隣の中学校の校舎を仮の校舎としてお借りしていたのですが、当然ながらそこには塀があって、校門があって、中には教室しかなかった。そうすると、地域の方との共働プロジェクトを生徒たちがやろうとした時も、その時間に地域の方にわざわざ来ていただき、終了チャイムと同時に帰っていただかないといけなかったのがネックでした。

今、この学校には地域の方が誰でも利用できるカフェもありますし、ミーティングスペースもふんだんにあります。すごく開放的で、多くの出会いや交流が生まれ易くなりました。

細野 なるほど。

南郷 地域の方と、ある生徒がミーティングしているところに、別のプロジェクトで相談をしたかった生徒が通りかかってまた相談をするとか、そういうケースが本当に多く見られるようになりました。この校舎ができて、様々な試みが一気に加速できたと思います。

細野 この学校が構想された当時は、「原発事故の避難で多くの人が去った双葉郡にわざわざ新しい高校を作っても、正直そんなに子供は来ないよね」といった反応が東京では多かったんです。海外では「学校以前に、そんな場所に人間が住めるわけないでしょう」みたいな反応すらあった。

南郷 そうですね。

細野 双葉郡はもともと、伝統ある高校が多いじゃないですか。県立富岡高校はバドミントン世界ランキング1位にもなって活躍中の桃田賢斗選手の母校です。サッカーでも全国的に知られていますし、多くのプロ選手まで輩出している。県立双葉高校は、古くから高校野球の強豪であり名門進学校でもある。

新しい高校には、そういった地域の重厚な歴史と伝統を引き継ぐ使命もあった。あの原発事故というハンデを背負いつつ、伝統を受け継ぐ重要な使命も背負う。そういうスタートだったわけですよね。でも実際に始めてみれば、入学希望者は当初の想定を大幅に超えた。結局、1クラス増やしたんでしたっけ。あれは嬉しかったですよね。

南郷　そうなんですよ。地元の方々も含め、誰も予想していなかったと思います。

細野　今や、競争率が高くて誰でも入れる学校ではなくなりました。言い方があまりよくないかもしれませんが、いわゆる「エリートだけの空間になってしまうのもどうなのか」という心配も出てきますよね。

南郷　もともとのこの学校の設計というか、デザイン自体は双葉郡内の名門校それぞれの特色を引き継いでいくイメージだったんです。双葉高校の伝統を引き継いだ、いわゆる大学に行く進学校としてのカテゴリーの系列コースもあれば、富岡高校の伝統を引き継いだバドミントンやサッカーなどのアスリートの系列もあります。

細野　そこは全国レベルですからね。いずれも。

南郷　原発事故前から、全国各地の生徒が集まってくる分野ですね。富岡高校から引き継いだ流れからは、今回もバドミントンで3人のオリンピック選手が新たに生まれる予定です。それからＪＦＡアカデミー福島が今、静岡に避難をしていますけど、なでしこジャパンにもそのＪＦＡアカデミーの中から4人が今回の日本代表に入っています。

あとは地域のいろいろな実業家、スペシャリストの人材養成をしていた様々な系列コースですね。例えば、農業、工業、商業、それから福祉などがこの学校にはあるので、そういう意味ではものすごく多様性が担保されている状況なんですね。

加えて、それぞれの領域で自分はリーダーを目指して行くんだと。校訓が「変革者たれ」と、地域のこれまでの社会の在り方というものを変革していく「イノベーターであれ」ということを謳っています。勉強ができるというだけではなくて、意志とか行動力であるとか、そういったものをしっかりと見ながら育てていきたいと思っています。

心の中に福島を持ったリーダーたち

細野　私が楽しみにしているのは、ふたば未来学園最初の卒業生の多くが、まもなく社会人として世に出てくることなんですよね。彼らは今年度で21歳になるわけで、もちろん中には一足早く高校卒業と同時に就職した人もいたでしょうけれど、大学に行っていれば3年生ですよね。

南郷　手応えはものすごくあります。ぜひ今日、ご報告差し上げたいと思っていたのが、昨年度から卒業式の前日に取っているアンケートです。「この学校でやってきたことが自分の生き方に強く影響し、どのように社会と関わるか、貢献したいか、具体的に見出せましたか」という質問に、今年度では81％がイエスと答えています。これは今年の卒業生だけではなくて、昨年の卒業生も同じような結果でした。

細野　なるほど。これは通常の学校だと、恐らくイエスが半分を切るでしょうね。惨憺たる数字が出るかもしれません。

南郷　日本財団さんが一昨年、世界の18歳意識調査を行いましたけれど、日本の18歳は「解決したい課題が地域や社会にある」という回答は4割止まりでしたし、「自分が社会の一員として参加することで社会を変えていける自覚がある」というのも同じくらいでした。

細野　そうですか。

南郷　日本の教育は、そのほとんどが実社会と隔絶した学校という空間で学んでいるから、生徒はなかなか社会でやりたいことというものが具体的に見出せないまま巣立っていってしまうのだと思うんです。

細野　その結果、いきなり社会に出て、大きなギャップに対応しきれない若者を本当にたくさん生み出してしまった。ここが日本の教育制度の最大の弱さですよね。やはり教育というものを学校の中に閉ざしすぎたんです。

南郷　全ての生徒は大学を受験したり就職試験を受ける前に必ず、副校長とか校長のところに「判子を押してください」と言って来るんですね。書類に「受験許可」という判子を押す必要があるんです。

私はその時にそれぞれの志望理由を聞くのですが、2期生くらいから皆、ゼミの話をするようになったんですよね。肌感覚として8割ぐらいの子が、ゼミでこういうプロジェクトをやって地域社会にこんな課題があるので、この領域をもっとやりたいのでこの大学のこの学部に行きますと言うんです。多くの生徒が直近の出口だけじゃなくて、さらにその先の目標まで見据えていたんですね。

それで、生徒のこうした意識や傾向をどうすれば可視化できるのかなと思って、卒業式前日に先生たちに無理を言ってアンケートを取ってもらうようにしてみたんです。すると、肌感覚で感じていたのと全く同じ、それが先ほどの81％という高い割合でした。

細野　地元福島に帰ってくる、あるいは福島に関わっていく若者が実際にどれくらいいますかね。

南郷　おそらく何らかの形で福島に関わりたいという子が１００％に近いと思います。先ほどの地域交換留学をやった生徒は、全国の地域と福島県双葉郡とをつなぐ「地域交換留学」プロジェクトを社会起業化していきたいと言っているんです。持続可能な仕組みにしていくためのＮＰＯを作りたいと関西の名門大学にある社会起業学科に進学したんですが、卒業後はこちらに戻ってきたいと言っています。

あるいは、別の名門大学で原子物理学の道に進んだ生徒は、放射性廃棄物の最終処分を成し遂げる、社会と科学をつなぐ科学者になりたいと言っています。相当程度、福島に戻ってくる子はいると思います。

一方で、この双葉郡地域でチャレンジをすると、世界のいろいろな課題と重なり合う部分も見えてきます。例えば、福島の風評一つとっても、意図的にフェイクニュースが撒き散らされる問題は「インフォデミック」などと呼ばれ、今や世界中で大きな問題になっています。福島の課題は、多くがそのまま、世界の課題ともつながっているんですね。

ですから、この地域で得た経験を世界に出て活かしたいと国際系の学部に進んだ子もいます。いずれにしても皆、心の中に福島を持ちながら、それぞれのフィールドで、おそらくリーダーになってくれるんじゃないかなと思っています。

３Ｄで「震災直後の第一原発」を再現

細野　震災から10年という節目を迎えるにあたって、福島の復興も次の段階に行かなければならないと思うんですよね。これからは廃炉後や中間貯蔵施設の跡をどうするかという議論も必要になってきます。浜通りと言えばイノベーションコースト構想ですが、地元とはあまり関わりなく進むのではないかという懸念があるようです。ふたば未来学園の卒業生が間もなく社会に出てくることで、変わるチャンスが来たと思うんです。ここで生まれ育った人がそれらに関わっていくことの意味は、非常に大きいわけです。次の10年、そういう若者がどんどん出てきて活躍することを期待したいなと思います。

南郷　私も、この学校の開校時にその期待を持ちましたが、最近はそれが実感に変わりつつあります。生徒たちがプロジェクトをやっていると、地域の方や大学の先生方とのいろいろなフォーラムやシンポジウムに生徒たちが若者の代表として呼ばれるようになり、積極的な議論に参加しています。

今おっしゃられたイノベーションコースト構想や廃炉など、復興政策における地域との遊離は、残念ながら一定程度あると思います。関心を持ってくださる地域の方が少ないことは生徒たち自身も課題として考え、地域を巻き込むための試みをずっとやってきたんです。なかなか一朝一夕には解決しない問題ですが、「高校生と考える廃炉座談会」という企画を実際に主催してみた生徒もいました。

そういったシンポジウムが、最近になってリモートで再開した時には、うちの卒業生である大学生からも二人、地域の大人枠としてパネリストに選んでいただいたこともありました。

細野　それは、とても良い出会いじゃないですか。

南郷　その時は、地域の方や研究者と卒業生とで非常に良い議論ができたんです。人材がしっかり育って地域のキーマンにまで成長し、地域に環流をもたらす形ができつつあるのかなと。

どうしたら内発的な福島のイノベーションが起こせるかっていうのを、私たちはずっと課題としてきました。人材を育成して輩出し、その人材がまた地域や子供たちに関わっていけるサイクルを作っていくことが、エンジンになるんだなという実感を得ています。最近は、糸口が少し見えつつあるなと思います。

細野　昨日も中間貯蔵施設を久々に見に行ったんですけれど、数年前とは様変わりしていて、もう来年には、ほぼ運び込みが終わるということです。あの場所の未来については当初、「30年という長い年月の先にどうするか」と捉えていたんですが、運び込みが終わってしまえば、非常に安定した場所になっています。「30年後にどうするか」どころか、もう「数年後に何に使おうか」と考えてもいい時代に入ってくるんですよね。中間貯蔵施設に地域の人が主体的に関わってもらうかが大事で、それなしに国がドーンと一方的に決めてしまうのはむしろ危険です。福島の若い人に是非とも関わってもらいたい。

南郷　そう思いますね。ちょうど昨日、高校2年生のゼミの生徒たちが、早稲田大学の先生とオンラインで議論していたんです。そのゼミのメンバーは6人のチームで、マインクラフトという3D空間を自分たちのプログラミングで作るゲームを使って第一原発を作るというようなことをやっています。過去の姿である震災直後の第一原発を再現して、全世界の人がバーチャル空間で見られるようにするだけでなく、同時に30年後、50年後の未来の姿も創って提案していくというものです。

細野　なるほど、3Dですか。

南郷　何を創るべきなのかということは、まだ白紙なんです。今は地域の議論でも、「まずはしっかりと廃炉を成し遂げて更地にしていく」ということを目指して進んでいますけれど、一方で、「そういった地域の願いと福島の教訓というものを後世、そして世界にどう発信をするのか」「そのために1F（いちえふ）（福島第一原発）のあのエリアをどういう場にしていくべきなのか」ということを彼らは考えているんです。大人はそんな議論をまだできていないんですけれど。

細野　そこは若者の特権であり、すごさですよね。普通の大人は10年、長めに見ても30年であれば何とかコミットできますが、その先の廃炉ということになるとリアリティを持って考えにくい。でも若い人は、その未来の時代を確実に生きますからね。

南郷　自分たちがどういう地域にしたいのか、まずは1年かけてバーチャル空間で作ってみようということもやっているんです。率直に言って、私にとっても非常に勉強になります。福島が、そして世界がこれからどうあるべきなのかということを、子供たちの思いなどから随分と考えさせられることが多いですね。

探求型の学びを広げていく

細野　こうしてお話ししていると、南郷さんが文科省の官僚であることを忘れてしまいそうになりますね。

南郷　私も忘れていました。

細野　初めて南郷さんにお会いしたのは、文科省にいらっしゃった時でしたね。明らかに文科省の中でも雰囲気が違う人だなと感じていましたけれど、初めから官僚になられたわけじゃなく途中からの転職組でしたよね。

南郷　もともとは企業勤めでしたので。

細野　官僚になられたのは何歳の時でしたか。

南郷　30歳くらいだったと思います。

細野　そこからは思いがけない展開が待っていましたね。

南郷　人生不思議ですね。私は、神戸の阪神淡路大震災の時には高校生だったんですね。本当に不謹慎ながら、当時はテスト休みで暇だったので、ボランティア活動に一人で行ったんですよ。その時の経験が私の原点かな、という気もしています。そこで「自分が何の役にも立てない」という無力感と、「本当に社会には課題があり、人々には痛みがある」という実感を持ったからこそ、その解決のために真面目に学ぼうと思えたんです。

私がそうであったように、高校生、あるいは中学生の時期は本当に多感な年齢で、大きな可能性があるわけです。学校に閉じ込めるよりも実社会の課題にしっかり向き合ってもらうことで、それが花開くこともあるんじゃないかなと思います。当時の私はボランティアに1週間行っただけでしたけれど、福島の子供たちは原子力災害とそこからの復興を経験しています。きっと、素晴らしい人材になるだろうなと思っています。

細野　阪神淡路大震災の時に私は大学4年生で、卒業までの2カ月間をまるまるボランティアとして過ごしました。その時の経験が社会に目を向けることにつながり、政治家を志す原点にもなったんです。時が経ち、今度は政府の中で向き合うことになった東日本大震災では、自分の政治家人生を賭してでも全力を尽くすべき使命だと思ったところもあるんです。

そういう自分の過去と比較をしても、福島で生きている彼らが経験を積み重ねてきた時間は長い。今の中学生であれば、小学生か幼稚園かで物心つくかつかないかくらいの時からなんですよね。

南郷 今の高校1年生は、幼稚園の年長さんの時に震災を経験しています。中学生に聞くと、おぼろげな記憶がある感じですね。

細野 いろいろな社会の歪みや課題を間近で見ながら成長してきているのだから、向き合ってきた時間と深さが違う。必ず、突出した人材が出てくると思いますよ。南郷さんは文科省の人間ではあるんだけれども、この地でそれを見届ける責任があると思います。

南郷 ここから先は本当に教育の役割だと思いますね。今までは震災の経験と記憶がある世代が相手でしたから、目の前の課題を乗り越えたいという強いモチベーションを持った人材も非常に多かった。これからは、それらが薄くなる世代になっていきます。しかしそれでも、忘れてしまってはいけない。福島の課題は解決までまだ数十年かかるわけですし、原子力災害を二度と繰り返さないために、福島の教訓を世界に後世に伝えていくというのもまた、福島の役割なのでしょう。この灯を消さないということが、学校が、学び舎(まなびや)ができることだと思います。

本校がそうしてやってきた教育に対し、今では県の主催で福島県内全ての高校の先生が見に来るという教員研修が毎年行われるようになりました。この学校でやっていることを「探究型の学び」

と呼んでいるのですが、地域課題に向き合っていくゼミのような学びをどんどん広げていこうとしています。ここを出発点としながら、双葉地域だけじゃなくて全県の学校も一緒に取り組めるように進めているところです。

細野　やっぱり「何のために学ぶのか」という動機がはっきりしているのは一番強いですよね。

南郷　強いですね。

細野　目的なく学ぶ、モチベーションが持てない若者が日本にいっぱいいると思います。ここで学べる若者は本当に幸せですよ。こういう学び舎が、この場所だけじゃなくて全国に広がっていくといいですね。

地域の未来づくりと伝承のために

南郷　開校した当初は「福島の視察」という目的の一環として全国から先生がいらっしゃったんですが、ここ2、3年は福島がどうこうということではなく教育内容の視察を目的として来るケースが8、9割になっています。こういった学びに、日本中の高校が変わらなければいけないと思いますね。

嬉しいのが、ずっと交流が続いている学校が何校かあることなんです。広島の原爆ドームのすぐ近くの旧制第一中学校である広島国泰寺（こくたいじ）高校とか、滋賀県の彦根東（ひこねひがし）高校とか。お互いに大いに刺激を交換し合える関係になりましたね。

細野　彦根東高校は、我が母校です。

南郷　彦根東の新聞部の子たちとはずっと交流があります。今回も来てくれて、「復興とは何ですか」という非常に根源的で鋭い質問をしていました。

細野　彦根東高校は、旧藩校なんですよ。彦根藩の時代からある学校なので昔から硬派で新聞部はそういうことをやるんですよね。

南郷　ちょうど昨日、うちの教員と話していたら急に彦根東高校の話になったんです。というのも、その教員は以前、いわき総合高校で演劇部の顧問をしていたんですが、彦根東高の新聞部はそちらにも取材に来てくれたそうです。それで「彦根東高校新聞部は何年間も継続して福島にやってくる。10年経ってもなお取材に来てくれる原動力は何なのか」という話題になって。

いわき総合での3年前のインタビューで、いわきの生徒が「7年経ってようやく自分の気持ちを喋れるようになった」みたいなことをポロッと言ったそうなんですが、その言葉を彦根東の子がちゃんと聞き逃さずに捕まえて、「だから続けることが大事なんだ」と言っていたそうです。

細野　いわき総合高校の演劇には何度も泣かされました。ふたば未来学園も演劇にはかなり力を入れているんですよね。

南郷　授業でもやっていますし、平田オリザ先生が先週も来てくださいました。おかげさまで演劇部は2019年、全国の優秀賞をいただきました。やっぱり彼らには伝えたいものがあるので、それをエチュードで組み上げて台本にしています。独特で、非常に面白いですよ。

細野　ふたば未来学園は多くの生徒を育て、社会的にも充分認知されて高い評価も得てきました。そう間もなくふたば未来学園が輩出した人材が、地域の未来づくりに実際に大きく関わり始めます。その人材が同時に震災を覚えていない世代を育て、伝承していければ素晴らしいですね。

南郷　ありがとうございます。教育というのは学校を作って終わりではなく、しっかりと地域に人材を環流して貢献するサイクルを作っていくことだと改めて感じています。10年という時間は大きな区切りというふうに世間では捉えられがちですが、まだまだ残されている課題は多いし、だからこそ、この還流サイクルを確立させ、回していくために尽力していこうと思います。ぜひ引き続きご指導、ご支援をお願い申し上げます。

細野　もちろんです。これからも応援していきます。

対話3：遠藤雄幸氏（川内村長）

ここにある問題は、地震・津波・原発事故の三重災害の後に立ち現れた、世界史上、稀有な問題だ。それは放射性物質による被害をはじめとして、極めて特殊な問題として私たちに意識されることが多い。

ただ、現場に足を運び、一歩立ち止まって考えてみれば、より深刻なのは、普遍的な問題であることにも気づく。例えばそれは、少子高齢化、過疎化、既存産業の衰退、医療・福祉システムの崩壊、コミュニティの機能不全……。そういった日本全国、先進国ですでに見られている問題であり、今後ますます悪化していく問題でもある。

3・11はこれから数十年かけて日本全国に暮らす私たちの前にじわじわ立ち現れてくるだろう、「茹でガエル」的な問題を、数年のうちに現実化してしまった。巨大災害の被災地に行くと、あたかも私たちがタイムマシーンに乗って未来に行ったかのように、いずれくるだろう課題を先んじて見せつけられる。

では、その課題先進国・日本の中の課題先進地・福島において何をすべきなのか。

避難指示を経験した中でも、決して交通や生活の利便性が良いわけではない、中山間地域にある川内村には、一つの可能性が芽生えているように思う。3・11当時から現在に至るまで村を率いる遠藤雄幸・村長に話を聞いた。

細野　今日は開沼さんと川内村にやって来ました。ここ蕎麦酒房天山と隣接する小松屋旅館には何度も宿泊をしましたし、村長ともここでいろんな話をした記憶があります。川内村には、もう8割の人が戻ったんですよね。これはすごいことだと思います。

＊

遠藤　ただ、まだ2割の住民が避難している現実もあります。

細野　村長が帰村宣言をされたのは2012年の1月でした。その直後に環境大臣として川内村に説明に来た時のことは鮮明に覚えています。当時の住民の皆さんの受け止めを考えると、8割戻るとは想像できなかったですね、私は。

遠藤　そうですね。細野さんには川内村の住民懇談会にも出席していただきました。あの時はとても寒い日で、雪も降っていました。僕自身も帰村宣言をして、さあこれからというタイミングでもありました。帰村を決断するのは、かなりしびれる時間を過ごしてきた上での宣言だったんです。

細野　初めてお会いしたのが、震災から2、3カ月後の郡山の避難所だったと思うんですけれども。状況が厳しいにもかかわらず、遠藤村長は前向

遠藤雄幸

川内村長。1955年1月9日生まれ。福島大学教育学部卒業後、家業（金物・建築資材販売）を継ぎ、2004年4月から川内村長、現在5期。趣味は渓流釣り。座右の銘は「期限のない夢は叶わない」。

きだった記憶があります。その後も常に明るく前向きだった遠藤村長が、あの会見の時だけは悲壮な表情でしたね。

遠藤　そうですね、顔がひきつっていました。

細野　私はあのテレビ中継を生で観ていました。遠藤村長のそうした姿を見て、これは我々も何かアクションを起こさなければと思い、その日のうちに関係部署に指示を出しました。とにかく全力で川内を支えようと。そうじゃなきゃどこも帰れない。

遠藤　帰村宣言の準備段階では、まずは村のお医者さんを見つけるのに苦労しました。お医者さんがいないところには住民も戻らないわけで、復興事業も進まないんですよ。「先生、俺はチェルノブイリに行ってきたけど、こういうことだよ」って素人の僕がお医者さん相手に放射線のことを話したこともあったくらいでしたから。放射線への不安を理由に嫌がるお医者さんも少なくはなくて、長崎大学の高村（昇）先生にお願いしたりしながら、いろんなネットワークで探して何とかつないだのを覚えてますね。

日本のエネルギーの一翼を担ってきた

細野　川内村では住民の対立は、あまり見えなかったように感じられます。川俣とか飯舘はすさまじかったでしょう。飯舘の菅野（典雄）村長、すごい苦労していましたし。

遠藤　すさまじかったですね。菅野さんもそうだし、川俣の古川（道郎）町長も、途中で病に倒れちゃったんですけれど。ただ、原発から20㎞圏内と30㎞圏内の人の間での賠償額の違いで、やっぱり住民感情は複雑になりました。

細野　どうやって乗り越えたのでしょうか。

遠藤　川内の場合は、20㎞圏内に比べて賠償額が少ない30㎞圏内の人たちが圧倒的に多かったこともあるかもしれませんね。また、20㎞圏外の人でも、精神的な賠償やその他森林への賠償が全くなかったわけではないので、そういう面で住民は、まぁしょうがねぇなぁと思ったところもありますけどね。

細野　川内の人はおおらかだったんですかね。私が各地で説明をした時にいろいろなことを言われましたけど、川内では刺すような感じはなかったんです。これ、実際どうするんだ、安全なのかと。ちゃんと答えてくれっていうのはあったんだけれど、最後には拍手までいただけた。川内の人の気質なんでしょうか。

遠藤　そこは地元の自治体である我々が前面に出て、まあ、しっかり対応したっていうのもあるのかも。住民の声を受け止めて、最終的にいろんなことを中央に要望したのは地元の自治体だし、そういう面ではガス抜きの役割も果たしてきたところがありますかね。ただ、心強かったのは、きちんと政府がね、しっかりサポートしていくんだよっていうことを細野さんの言葉から感じられたんです。そこは我々も意を強くしましたし、4月には学校や行政機能を再開しても何とかやれるかなっていう思いもしましたね。

川内村の自立独立の気質もありました。日本のエネルギーの一翼を担ってきたわけだし、常磐炭鉱の坑木として川内村の材が使われていたという経緯もあります。

でも振り返ってみるとね、昔からいろんなものと戦ってきたけれど、何と戦ってきたのかって考えてみると、「貧しさ」だったんだなってつくづく思うんですよ。その上で、原発事故後はいろんな不条理とか軋轢、ジレンマ、いわれなき偏見差別、そういうのとも戦ってきた10年間だったかなって。何かいつも、こう背中から押されて緊張していた日々を送ってきたかなというのはありますね。

ただ、それが僕にとって、じゃあネガティブでマイナスだったのかというとそうではなく、かなりエキサイティングでポジティブな時間だったと思います。

細野　政治家冥利に尽きるというか、我が人生悔いなしみたいな感じだったのでしょうか。それは分かる。

川内村では工場などの仕事もだいぶ増えて、少しずつ活気が戻ってきました。他の町では住民が戻らず苦労している中で、開沼さんは、川内村がここまで復興した理由は何だと思われますか。

開沼　一つは時期の問題です。なかなか帰還が進まない他の自治体というのは5年も経つと、もういわきとか郡山の都市部で、小学生だった子供が高校生になっていたけど村に戻ったら通学が大変になる、今から転校はできないよねとか、お父さんお母さんの仕事ももう変わってしまって職場に馴染んでいる。おじいちゃんおばあちゃんはかかりつけの病院ができてしまう。そうなると特に、もともと中山間地域のここに戻ってくるということが難しくなってしまう。病院が再開していないような自治体は他にもありますから、そういったところで時間という変数が足かせとなって、今も問題を長引かせているところはあります。

その中で、川内村は村長のリーダーシップであったり、地域の方々の努力が相当早い時期からあったというのは、今の復興状況の背景の一つなのかなと。あとは、「よそ者の力」、移住している方を積極的に村に入れていこうというような策も打たれている。新しい産業がいくつも生まれ、工業団地も整備した。そういったことが今の結果に生きてきているのかなと思いますね。

避難することがリスクになる

細野　川内村が大阪から誘致した工場で作られている蓄光標識「ルナウェア」は、タイの洞窟で遭難した現地の子供たちを救ったということで話題にもなりました。震災後に造られた野菜工場も成功しているし、今度はワインもやられるとのこと。新しい産業を興すことに成功した理由は何ですか。率直に言って、川内村は立地や交通の便なども含め、決して条件がよいところではありませんよね。

遠藤　復興にあたって、私は2つのことを考えていました。まず一つ。被災地の住民は、自分が被災したという意識は強いですよね。先ほど自立独立の気風のお話が出ましたが、原発事故によってそれが失われた部分もやはりある。その被災者の意識をどう自立の意識に変えていくかです。

やはり自分の人生設計の中で、いつまでも被災者だという不幸に甘んじるわけにはいかない。どこかでやはり震災前のような生活、自分で判断して行動できるような、そういう生活パターンをきちんと確立していかなければいけないんだろうと思います。これは、やっぱりチェルノブイリに行って見てきたというのが大きかったですね。特に、避難することのリスクというか。

開沼　今となっては大規模に避難を行ったり、避難によって生活環境が激変したり、それが長期化したりすることが地震津波以上に多くの人命を奪い、そうではなかった人にとっても命を奪われるに等しい負担がかかるリスクがある、そして街に取り返しのつかないダメージを与え得る。そのことは様々な調査・研究から明らかです。ただ、当時は、避難のリスクを表立っていうことは難しかったでしょうし、今も全国的に見ればその点の認識は更新されていないままにあるのでしょう。つまり、「避難に疑問を挟むということは、非倫理的なことだ」という感覚は残ってしまっていますね。

細野　そのリスクは我々も考えたんです。高齢者とか老人施設の避難なんて、避難のほうがリスクは大きいって分かっていたんだけれど、そこで介護する人や医療関係者で若い人が避難しちゃったら、もうどうしようもない。3月12日の時点から、その議論を官邸の中でもやっていたんです。

遠藤　キエフに避難した団体の話を聞いてきたんですけど、生まれ育った故郷にノスタルジックなものはあっても、そこは社会主義の国ではありますから、当初は新たに住むところと仕事を与えられれば、まあ、それでいいかなみたいなところがあったとのことです。しかし結局、生まれ育ったところから一気に環境が変わった都会に行くと、若い人でさえも沢山の人が体調を崩してしまった。

その後、実はチェルノブイリの30㎞圏内に隠れて勝手に戻って、何年も住んでるっていう80代の老夫婦にも会ったんですよ。若い頃、最初は避難したものの体調を崩しちゃって、もう家に帰りたいと。それから25年以上、俺らは元気に生きているよと。ところが俺の友だちは、キエフに避難していたけど早く亡くなっちゃったよ、と。

開沼　僕、チェルノブイリ原発事故の被災地、ウクライナに2回、ベラルーシに2回行ってますけれど、それだけ回数を重ねてやっと現場にある現実が見えてきたなというところです。その本質を、あの時期に行って短い時間でも摑んでこられるのが遠藤村長なんだなと、今のお話を伺って改めて思います。

　これは誰でもできることではないんです。だって、チェルノブイリ関連の情報を日本語で検索すると「もう何割が病気になってるんだ！」みたいな、デマ情報にしか行き当たらない。実際に現地に行った人も、デマばかり摑んで帰ってくることがあるんです。それは予断があるから。福島に予断をもって向き合う人には福島のネガティブな情報しか見えず、調べれば調べるほど、デマを信じ込んでしまう人もいまだにいるのと同様に。

　おっしゃる通り、現地に行っていわゆるサマショール（自発的に帰郷した者）という人たちに話を聞くと、戻ってきた俺ら元気だろ、俺ら見ろよというような話をする。もちろん、それが全てではないにしても、他の現場、立場の人にも向き合った上で、これを福島に持ち帰るべきと思われたということなんですね。

ひとり親世帯移住サポート政策

遠藤　復興にあたって考えたことのもう一つは、確かに事故はとても不幸なことですけれど、ひょっとしたら、そのことによって今までできなかったことができるようになる、あるいは逆に止めるタイミングを逃したままだったものをどこかで止める、そのサプリメントのような役割を果たしてくれるんじゃないかなっていうふうに考えました。

その中で、今まで村にはなかった産業を立ち上げたり、企業誘致を積極的に進めたり、新たな学校を立ち上げたりというような取組を進めてきました。住民の人たちにも村の目標にしっかりと協力をいただいて、新たな産業づくり、新たな学校づくり、さらには人づくりをやろうと思いました。

細野 そうした帰村宣言後の川内の動きについて、開沼さんは先ほど、よそ者が活躍したとおっしゃいましたけれども。

開沼 特徴的な取り組みの一つに、川内村は例えばシングルマザー、あるいはシングルファザーといったひとり親世帯の移住にいろんなサポートをしてきたということがあります。

震災後の福島の問題に普遍的に言えるんですけれども、日本のいろんな課題、例えば高齢化だとか少子化、医療福祉や教育などの問題をよりひどい形で、20年、30年、タイムマシーンに乗ったみたいにより早い形で受けてしまったというのが、たぶん、3・11の結果の一つであると。それはピンチではあるが、逆に社会の弱い面をどうサポートした上で地域の強みにしていくのかっていう実験をする機会を与えられたとも捉えることができます。ひとり親世帯をこの小さな村で支え、それを強みにもする。こういった形で日本全体がこれらの問題により深刻に直面する20年後、30年後に向けた対応モデルを作れたらいいんじゃないかと思いますね。

他にも、村を上げてぶどう畑を作っていて、これでワイン作ろうとしていることなども含めてチャレンジ精神に満ちている。もちろん、中にはうまくいかないことも、これから出てくるかもしれないけれども、それでもいろんなチャレンジをして成功事例を作っていくっていう姿勢が常にある。

そのこと自体に大きな価値があるんではないでしょうか。

遠藤　開沼さんのお話にもあったように、子育て世代の帰還が進まなくて。川内では2016年度から中学生以下の子がいるひとり親世帯に支援を始めました。具体的には50万円の引っ越し費用を負担し、住宅補助や就職先の紹介も行っています。最初のうちはあまり反響がなかったんですが、何年か続けたところ、次第に村にゆかりのない人たちが移住してくれるようになったんです。

細野　それはすごいですね。川内村ではさらに、次の春からは小中学校と保育園を同じ敷地内で運営するとも伺っています。保育園までも含めたというのは、やっぱり移住したひとり親世帯へのサポートも含め、川内村で小さいお子さんを育てるお母さんお父さんに配慮したということですか。

遠藤　そうですね。今まで保育園と小学校、中学校でそれぞれ独立していたものを連携させ、0歳から15歳まで一貫した流れの中で子供を育むことができる環境を作り上げようと考えました。

細野　ひとり親の移住サポート政策を打ち出した背景には、村民の8割が帰村とはいっても、その中で若い人の比率が低いという事実はあるわけですよね。そこを今後どう乗り越えるかですね。

遠藤　今も村民の2割の方は村を離れたままです。その2割中の6割、半数以上は実は子供たちがいる世帯。子育て世帯なんです。

ですから、先ほど開沼さんがおっしゃった通り、やっぱり進学のことを考えると選択肢の多い都市部、郡山とかいわきがいいよねっていう親が増えてきているのは当然なんです。教育については、復興を進めていく上で最難関課題なんですね。壊れたものは修復したり、大概のものは新しく作ってきましたけれども、教育や子育てに関しては一番ハードルが高い分野だったんです。

除染後の肥沃な土壌の使い道

細野　やはり、今の課題は放射線不安とは別のことにシフトしているんですね。実際、川内村は除染も終わった感じですよね。

遠藤　ええ。ただ仮置き場には少し除去物が残っていて、2020年度中を目途に撤去作業中であり、今後は仮置き場の跡地をどうするのとか、という話が出てきますけど。

細野　除去土の再利用も少し考えていただけないかなと。もちろん、放射線量が高いものは除去し、一般的な土壌とリスクに差が出ないレベルに安全性が確認されたものを、相当安全に寄せた数値で区切って、それ以内なら受け入れますよという形でもいいので、そういう流れができ始めると本当に変わるんですよね。それを東電管内でやっていきたいと思っていて。そういう流れの起点を作るのが、特に難しいことだとは思うんですけれども。

遠藤　そうですね。

開沼　除染は、対象となる土地の表土を剝ぎ取る形で行われますが、農地の表土っていうのは、長年栄養を混ぜて管理されてきた肥沃な土壌だったりもします。だから、農家が除染された土を見た時に「これは良い土なのにもったいない」と言うのはよく聞きます。そういう背景も知られるべきです。

細野　なるほど。見たら確かに良い土なんですよ。

開沼　この栄養ある土を使い、さらに高単価で売れる作物を作れる方法も教えますから使ってみないか、という支援もあり得るでしょう。ただ「安全を確認しました」ってだけではマイナスをゼロにしたというだけの話です。そうではなく、ゼロからプラスに変える。

実際に農業の支援という意味では、福島大や東大、東京農業大などが県内各地で熱心に支援をしてきています。初期から現場に入っているから、除染の経緯や安全性の確保の方法もよく分かっています。もちろん、高付加価値の作物を作るノウハウもあります。そういった連携もできるでしょう。

細野 当初から、再利用するということは言っていたんです。大量の土を全部どこかに持っていくことは物理的に無理なわけですし、実際のリスクの差を無視して全てを十把一絡げに「放射性廃棄物」としたままでは、復興のために本当に必要だったはずのことに時間やコスト、土地といったリソースが充分回されることなく浪費されてしまう。やっぱり、リスクがなくなった除去土は有効利用していかなければ。消波ブロックでもいいし、路盤材でもいいし。実際に有効に使えたという事例を積み重ねていきたい。

この件は、福島県外での動きが一つのポイントだと思っています。そういう日本的な助け合いの精神が出てくるといいなぁって。

遠藤 それは、処理水の分散よりもずっと実現可能性がありそうですね。

細野 ありますね。実際、肥沃な土地であればあるほど土は有用だから。私はチャレンジしていきたいと思っています。開沼さんは今後の川内村の課題をどうご覧になっていますか。

開沼 やっぱり移住者や企業の誘致は、今後も継続的にやっていく必要があるでしょう。一方、双葉郡全体がそうだし、川内村は尚更そうですが、交通の便が良いか、都会みたいな利便性があるかというと決してそうではない。だから、いきなり移住したり、起業しますっていうのは多くの人にとっては相当ハードルが高いし、日本全体が疲弊している中で、これからますますそうなっていくと思うんですね。

重要なのは、その前段階くらいのところ、いわゆる関係人口とも呼ばれるような、何らかの関心や関与する部分を持ってくれる人を増やしていくことが重要です。震災があったところだし、いろいろ頑張っているんだよっていうブランドを逆に使っていくことも重要だと思います。川内村は、マラソンであるとか、トライアスロンにもチャレンジしています。そうすると、外からいろんな人がその日一日だけでも来て、ああ、この風景いいな、気に入ったな、ちょっと引退したら住んでみようかなとかですね、そういう長いスパン、広い視野で考えていくことも重要かなと思います。

遠藤　人口の減少は実は震災によって起こっているのではなく、それ以前から与えられた課題でもあったんですね。ただ、震災によって急に短時間で急激な人口減少が生じてしまったというところはあります。

私は以前から新しい人たちを迎え入れて、新たな風土、新たな村づくりができるといいなっていうことを考えていたんです。そこで、移住者向けの様々な優遇策を立ち上げ、村外の人に手を挙げてもらえるよう取り組んできました。例えば、子育てってやはりお金がかかりますよね。保育所の無料化とか給食費の無料化とか、あとは川内から通える学校に通学する場合には通学費用を補助したりとかですね。そういったことを、特に震災後ですけれども、ここ3年、重点的に施策の中心に持ってきて展開してきました。

町村合併という選択と集中

細野　今は村内に高校がなくなったこともあって、進学の問題もそうだし、医療や買い物などを考えた時にも、川内村だけでは完結しないじゃないですか。そうしますと、双葉郡として全体をどう考えるか。こういう問題は、避けては通れない時期にそろそろ差し掛かってくると思うんですよね。

ちょっと聞きにくいことなんですけれど、他自治体との合併という選択肢をどう考えておられますでしょうか。というのも、川内村は住民票を置いている人と住んでいる人が一致しているのですが、同じ双葉郡内では実際に暮らしている人数と住民票を置いている人数の間にかなりの差が出ている町もあるわけです。

役所自体が他の自治体へ避難したような状況下では、そうした差異も当然認められるべきなのですが、一方で「住民税を払っている場所と、実際に行政サービスを受ける場所が違う」という状況をいつまでも是正しないわけにもいかない。町村合併、もしくはより密接な連携をどう考えますか。

遠藤　あの日からもう10年になりますね。たぶん、今置かれている状況は、それぞれの自治体で違います。川内のように8割帰還している村もあれば、これから解除というところもある。置かれている状況にかなり違いが生じているために、双葉郡全体で物事を判断していく、考えていく、行動していく時に、やはりなかなか足並みがそろわない状況も起きています。

これから第二期復興・創生期間ですけれども、どこかのタイミングで検証して、こういう状況になった場合に、さあこれから皆さん、双葉郡としてどうされるんですかっていうことは聞かれる時期が来るんじゃないかと思いますね。

細野　それは合併することも含めてですか。

遠藤　そうだと思います。あるいは広域連合、連携のもっと密度の濃いものを、というような提案もひょっとしたらあるかもしれませんよね。

開沼　双葉郡内町村の若手職員に話を聞けば、全部でまとまって一つになるのがベストかは別にして、いずれ合併等の議論は必要になる時期も来るだろうという話になります。現状を言えば、例えば、あそこの自治体にこういう施設を作った、じゃあうちも欲しいよね、みたいな話がずっと続いてきてしまった部分というのはある。つまり、小さい似たような施設が近い自治体に同時に存在していたりする。でも、それらを全部一カ所にまとめて大きいのを作ったほうが合理的だし、結局は地域の魅力になるんじゃないか。そういう議論は、暗黙の了解としてあるわけですね。

ただ、少なくともここまでの10年は復興という目の前の大きな課題があり、それに向き合うことに全力を尽くすしかなかった。

今後、いわゆる復興バブルと言われるようなものが終わって、それぞれの自治体の格差が明らかになり、財政的にも厳しくなる部分も見えてくるかもしれない。選択と集中をしていくという時になって、この話が具体化される時期が来るかもしれない。そうであれば、いつやるかは別にして、今のうちからいろんなビジョンを描いておく必要はある。これはみんな同意できるところだろうとは思います。

処理水保管が復興の足かせになる

細野　いよいよ10年じゃないですか。これからさらに次の10年を考え、見据えたアクションを起こすべき時期ということですね。

開沼　廃炉に「エンドステイト」という言葉があります。「廃炉とは最終的にどういう状態にすることなのか」という話です。まあ、ゴールのイメージですね。この避難指示を経験した地域全体のエンドステイト、最終状態をどうすべきなのかということも考え始めるべき時期です。いずれ、「昔は『復興』って言葉もよく使われたよね」と言われる時代が必ず来るので、その時にどうあってほしいのかっていうビジョンが重要です。

細野　もう一つ、遠藤村長に聞きにくいんですけれど、あまり先に延ばせないのが処理水の問題なんです。お隣の大熊町と双葉町に溜まっていて、答えを最終的に出せていないわけですよね。大熊町と双葉町の両町長さんは、このまま陸上で保管し続けることについてはもはや限界だと。結論を出してくれとおっしゃっている。ここを双葉町と大熊町だけの問題にするんじゃなくて、双葉郡全体でやはり考えていくべき時期にも来ているんじゃないかと思うんです。

外部の人間としては非常に申し訳ないんだけれども、やはり当初から関わってきた責任者の一人として、そろそろ政府が海洋放出を判断する時期が来ていると考えているんです。村長がおっしゃることのできる範囲で考えをお聞かせいただければと思うんですけれども。

遠藤　そうですね。時間的な問題もありますし、そんなに遅くないタイミングで政府の責任で結論を出さなくちゃいけないと思っています。現状のままでの陸上保管となると、今、タンクが置かれている双葉町、大熊町の復興の足かせになっていくのではという心配はあります。同じ双葉郡内で原発事故からの避難と帰還、そして復興に取り組んできた首長の立場として、両町長の気持ちは理解できます。

細野　保管し続けることが解にならない苦しさですよね。それが最終的な解決策になるならいいんだけれど、実は保管を続けること自体も風評の発生源になること、加えて帰還や生活、経済活動も妨げて復興の足かせになることは、ほとんど注目されませんよね。しかも、廃炉作業そのものを困難にする要因でもある。これまでに処理水保管に関連した殉職者まで出ている。そういう状況に対し、どう判断するかですよね。もちろん、政府が決断をして、結果についても全て責任を負うべきです。

厳しい話をして大変申し訳ありません。開沼さん、この地域の未来についてこれだけはということがあればコメントをいただきたいんですが。

開沼　遠藤村長が他の双葉郡首長と一番違うところは、3・11の時から在任を続けている首長さんが他にもう残っていないことです。世代交代がある中で記憶の継承は難しい。例えば、中央省庁の方って2、3年でバンバン異動していく。それだと、積み重ねられてきた現場の文脈についていくのは難しい。今、かつて福島担当だった人が別部署に移動したけどもう一回福島に戻ってくるとか、一回のみならず二回戻ってきたとか、そういうこともう10年経つと発生している。ただ、それは例外的だし、限界はあります。

長期的なスパンでの人材育成と言ってよいかもしれないが、教訓をいかに抽出し継承していくのかというのが、これまでは目の前のことに必死でできてこなかったんじゃないか。周りは、顔ぶれが変わっていく風景をいかに見ていらっしゃるでしょうか。大熊町の渡辺（利綱）前町長が辞められましたが、その前に、一度は辞めるつもりだったけど、復興を担う重責を引き継いでくれる人がいないから、もう一期続けたという経緯がありました。

飯舘は若い方が村長を引き継がれましたが、これはうまくいった事例です。引き継ぎ手が見つからないという構図は今後も出てくるでしょう。遠藤村長はご年齢的にも若い時から村長をやっていらっしゃるけれど、ずっとやることも大変だ、でもまだ復興は完遂しない、やり続けなくちゃだめだという問題もある。ここはこれからより厳しくなるなと。

遠藤　渡辺大熊町長も辞められました。最近は飯舘村の菅野さんもお辞めになった。浪江町長の馬場（有）さんと富岡の遠藤（勝也）町長は、すでにお亡くなりになってしまいましたね。あの時代を共に戦ってきた戦友が去っていくというか、何となく独りぼっちになっちゃったかなという感はありますね。

細野　今日は開沼さんと一緒に、東日本大震災・原子力災害伝承館にも行ってきました。高校生も見学に来ていたのですが、考えてみたら今の高校生って、あの災害時には小学校低学年だったんですよね。そう考えると、きちんと伝承していくことは本当に重要だと思いました。そのためにも、やっぱり人ですよね。今後も含め、いろんな政策とか方向性の決断をする時に、当時やこれまでの背景を知っている人が残っているかどうかで全然違う。

そういう意味で責任を被せるようで申し訳ないのだけれど、遠藤村長が当時一番お若くてアグレッシブでした。当然の結果としてとも言えるかもしれないけれど、最後にバトンをまだ持ち続けているわけですよね。大変でしょうけど、ぜひ頑張っていただきたいと思います。

遠藤　そうですね。原発事故が起きたのはもう現実ですし、その時に村長の立場にあった自分としては、負の遺産はできるだけ少なくして子供たちの世代につないでいきたいなっていうのがあります。そこが今を生きる我々の、大人のミッションじゃないかなというふうには思っていますけどね。

細野　ありがとうございます。今日は、川内村の蕎麦酒房天山で囲炉裏を囲みながら対談をさせていただきました。私は地元静岡の皆さんと毎年福島に来ていたんですけれど、２０２０年は新型コロナウイルスの影響もあってうかがえなかったので、この対談でお会いできてよかったです。当時を知る政治家として、今後も責任をもって福島の未来を見続けていきたいと思います。今日はどうもありがとうございました。

対話4：遠藤秀文氏（株式会社ふたば代表取締役社長）

行政機能が戻り、学校や病院が再開した。復興関連の仕事は終わりつつあるが、廃炉作業の雇用はある程度続きそうだ。だから、当面、大丈夫だろう――などとは言っていられなくなってくるのが、被災地にとってのこれからの時間だ。３・11以前にあった原発関連産業、一次産業の雇用が大きく失われ、住民の数も減った。風評被害も広範に残っている。

地域の自立を確保し、それを未来につなげられる状態にはまだ至っていない。その中でも、目の前の課題を苦闘しながら一つひとつクリアし、３・11以前にはない地域の魅力を生み出し、育もうとする人々がいる。富岡町の避難指示解除後、早々に町内での事業再開をした株式会社ふたばの遠藤秀文・代表取締役社長もその一人だ。測量をはじめいくつもの技術を持つその企業は近隣地域の仕事のみならず、海外の仕事も受注している。さらに、地域に新しい文化をつくろうと、太平洋をのぞむ丘の上にワイン用のぶどう畑も作っている。

＊

そこから見える景色を目まぐるしく変化させたＪＲ常磐線・富岡駅。そこから歩いて数分のところに新築されたログハウス調のオフィスにその人はいた。

細野　遠藤社長とお会いするのは、お父様のお葬式以来かもしれませんね。もう6年以上経ちましたが、本当によい場所に会社を再建されて。この建物は全部、地元の富岡の木なんですね。

遠藤　はい。１００％富岡の木で、私の祖父、曾祖父が中心になって１００年近く前に植えた樹木を使用しています。

細野　お父さんの故遠藤勝也さんは震災当時富岡町長で、双葉郡の大親分のような方でしたよね。私も原発事故後、ずいぶんお話をしました。いろいろ怒られたし、同時に温かく教えてもいただきました。遠藤町長もこの木を育てて間伐していたんですよね。

遠藤　そうですね。小さい頃に親について行って山の手入れをしたということは、よく聞かされていました。たぶん、父が生きていたら、すごく喜んでくれたかなと思います。

細野　喜ばれたでしょうね。遠藤町長とは震災のあと、郡山に避難をしておられるところで初めてお会いしました。今でもよく覚えているのが、まるまる一時間くらい、こちらが一言も言葉を発することができないくらい、厳しい話をされました。しかし、そこには町民の命を背負っているという想いと責任感が極めて強くにじみ出ていた。まさにトップの顔をしておられました。

遠藤町長は、双葉郡の町村長が集まる場面でも必ずリーダーシップをとっておられた。一方で、最後は政府とも協力してこの困難を乗り越えていこうという想いをお持ちで、本当に決断力のある方でもありました。２０１２年が明けた頃からは一緒に食事をしたりして、個人的に話をしていただけるようにもなったんです。本当に、まるで息子のようにかわいがっていただきました。その一つの理由が、もしかするとお子さんである秀文（しゅうぶん）社長と私の年齢が一緒だったこともあるんじゃないかなと。

遠藤　細野さんも、私と同じ昭和46年生まれなんですか。

細野　はい。私が8月で社長が9月で。

遠藤　1カ月違いなんですね。

細野　町長は当時から、秀文社長のことを「息子が帰ってきてくれたんだ」って嬉しそうに話してくださいました。震災の数年前にお帰りになってましたよね。

遠藤　そうですね、震災の3年前です。

細野　遠藤社長が、この場所に会社を再建されたのは感慨深い。ところで、遠藤社長は震災後、奥様のご実家の岐阜まで一度、避難されたんですよね。

遠藤　はい。家も津波で流されましたし、子供も当時、まだ5歳と2歳でしたので。とにかく子供と妻だけは少しでも安全な場所にと思って岐阜に避難しました。

細野　それからご自身は郡山で会社を再開しつつ、事業所を相馬といわきにも置かれた。かなり早い段階からやっぱり浜通りにということだったんですね。それはお父様の想いですか。

遠藤秀文

株式会社ふたば代表取締役社長。1971年に福島県双葉郡富岡町に生まれる。大学卒業後に大手建設コンサルタントに入社し、アフリカ、中東、東南アジア、大洋州、中米など約30カ国でODAの開発事業に従事。2008年8月双葉測量設計(株)の専務取締役に就任し帰郷。東日本大震災の1カ月後に富岡町の本社機能を郡山市に移し、事業再開。2013年12月に社名を株式会社ふたばに変更し、代表取締役社長に就任。福島県内の復興・再生および主に島嶼国（とうしょこく）の防災計画、環境保全などに携っている。2017年8月28日に富岡町に新本社社屋、郡山市に新支社屋を開所。保有資格は、技術士（建設部門）、APECエンジニア、測量士、潜水士の他、土木関連資格。福島県測量設計業協会理事、一般社団法人とみおかワインドメーヌ代表理事、とみおかワイン葡萄栽培クラブ会長他。

遠藤　やはり父からですね。震災の4日後、やっと父と連絡がとれたんです。川内村に避難していた時で、当時の唯一の通信手段だった衛星電話で父と話した第一声が「いつ会社再開するんだ。この会社は双葉郡で育ててもらったんだから、いち早く再開して恩返しをしなさい」という言葉でした。それを聞いて決断しなければいけないと思いました。父に背中を押された気分でした。

細野　会社を引き継がれて社長になられた時に、「先義後利」を会社の理念にされた。これは社長の言葉ですね。

遠藤　「先義後利」を使われている企業は他にもありますが、「このような想いで地域に関わっていかなければいけない」と胸にストンと落ちた言葉でした。2011年4月11日に郡山市で事業を再開し、2017年4月に役場が町に戻り、その4カ月後に当社も富岡町に戻りました。

新しいものをどう根付かせるか

細野　遠藤社長は、若い時には日本工営株式会社のコンサルタントとして世界で活躍されていますが、「まずは富岡でやる」という強い使命感を持っておられるわけですね。

遠藤　富岡は私にとって唯一の故郷ですが、避難している人にとっても唯一の故郷です。中途半端な形ではなく、「避難している人も誇りに思えるような地域」をもう一回作り直さないといけないと思うようになりました。

細野　この会社の目の前をJR常磐線が通っていますね。私は2020年3月14日に常磐線が全線再開通したのが嬉しくて、当日の常磐線に乗って浜通りに入りました。津波で壊滅した富岡駅の姿と原発事故を思えば、よくここまで来られたなと思います。一方、富岡町の場合は今も人口がまだ1割ほどしか戻っていないという現状ですよね。できるだけ皆さんに戻っていただきたいところですが、それだけでもだめで、もっと新しい要素を入れて富岡町をまた元気にしていかないといけないですよね。

遠藤　「一から作り直すという視点」が必要ですよね。元に戻さなければいけない部分もありますが、震災から11年目以降は「新しいものをどのように根付かせるか」という感覚が必要だと思います。一方で、そこには富岡町単体だけでなく双葉郡の一部としての役割も意識していくこと、地域全体で成長し、情報を発信していくことも大事だと思います。

細野　双葉郡の中では、富岡が最も中心的な町だったんですよね。

遠藤　そうですね、以前は双葉郡の郡役所があり、行政の中心的な町でした。

細野　県内外からのアクセスも非常にいいし、商業施設や医療機関もあった。今は残念ながら休校となっていますが、スポーツの名門、県立富岡高校もある。今後の双葉郡の方向性を、富岡の皆さんがどう考えるかは大きいと思います。例えば、双葉郡全体で協働していくためには合併という選択もあるかもしれない。そういったことを議論する機会はあるのですか。

遠藤　まだ合併については、直接的に話題になることは少ないです。いきなり合併がいいのかどうか。まずは本当の意味での広域連携を模索することが大事なのだと思います。現状では、双葉郡のしっかりとしたグランドデザインをまだ描ききれていない部分がありますから、まずはそれぞれの強みを生かしたゾーニングなどをしっかり整理する必要があると思いますね。

例えば「隣の町が何かの施設を作れば、俺の町も同様に作る」みたいなことをやっていると、非効率な上に財政的にも厳しくなっていくと思います。結果的には合併という形になるのかもしれませんが、まずは行政だけじゃなく、住民も巻き込みながら双葉郡としてのグランドデザインを作り込むことが大事だと思います。特に、今はそれぞれに想いを持った住民が沢山帰還していますので、みんなでグランドデザインを作っていくという感覚が必要になってくると思います。

森林の除染すべき場所の「見える化」

細野　双葉郡はもともと農業や林業が盛んな地域で、ここ数年はワイン事業も話題になっています。すごくロマンがあっていいですよね。

遠藤　実は、ワイン事業はそれ単体で収益を考えているわけではありません。ぶどうの木は一回植えれば１００年以上その地域に根付きます。植えてから20年、30年後くらいからよくなっていきますので、次の世代、その次の世代のための基盤づくりだと考えています。１００年プロジェクトという感覚がすごく大事だと思いますね。

また、我々が仲間内で話し合う時によく言うのは、「ワインはこの地域では食の主役にはなれないだろう」と。なぜなら、この地域はもともと非常に質の良い食材の宝庫で、しかも海、山、川の幸がバランス良くそろっているからです。だからワインの存在だけ主役として突出させるというよりも、そういった食材とどのように融合させるか、マリアージュさせるかといったところもすごく大事かなと思っています。その結果として、地域の付加価値が高まっていくことにも期待をしています。

細野　素晴らしい。ところで、お話の最初に、この建物に使われている木材も富岡町で育てられたものだと伺いました。しかし浜通りの場合、木材は残念ながら放射性物質と無縁ではないですよね。私は環境大臣を務めていましたので除染には当事者として関わりましたが、正直申し上げると、私がやっていた当時は森林の汚染には目をつぶらざるを得ない状況だったんです。まずは居住空間から優先的にやる、子供たちを守るところからスタートしました。

10年が経過し、来年度には避難区域以外のフレコンバッグが全て中間貯蔵施設に運び込まれます。つまり、生活空間から除染の痕がなくなる。これは非常に大きな一歩なのですが、放射線量が当初に比べて大幅に自然低減したといっても、富岡町も含めた双葉郡全体で森は除染されていない。御社はドローンを利用し、森林除染のベースとなるデータを詳細に提供できると伺いました。これができれば、双葉郡の復興がまた一歩前に進むと思うのですが。

遠藤　森林除染のやり方ですね。住宅であればまんべんなく汚染されていますので、全体的に除染するのが定石でした。しかし森林の場合、全面的な除染よりも局所的な除染がより効果的であることが分かってきました。ですから、どこにホットスポットがあるかを探し、強弱をつけた除染を考えていく必要があります。10年が経過した今、除染すべき場所を「見える化」していくことが大事になってくると思います。

山の地形と植生は様々で、広葉樹か針葉樹でも放射線量の高いところが変わってきます。当社では①地形、②樹種・樹形、③放射線量の3つのレイヤーを重ねることで、より効率的な除染のあり方が生み出せるのではないかと考えています。費用的にも実現可能なレベルに落とせるんじゃないかと。

細野　ぜひ実現していただきたいですね。森林除染で難しいと思っていたのは、特にその面積の広さなんです。地形や植生、雨など様々な要因を分析して、放射性物質が集まっているところが可視化できれば、そこを集中して除染することで相当、線量が下がる可能性はありますよね。その場所の土を取るんですか。

遠藤　そのようなイメージです。面的ではなく点的な除染ですね。除染箇所を特定することで、少ない作業量でも効果的に除染できると考えています。

細野　それならやれる可能性は充分にありますよ。外からの技術ではなく、地元の企業が先導してやろうということは、素晴らしいお話だと思います。大学と連携しておられるとの話を少し聞きましたけれど、行政ともやりとりを始められましたか。

遠藤　こういった技術を紹介はしています。しかし、まだ国から森林の環境再生をどうするか、大きな方針が示されていないところもありますので、県や町に話をしても、「それは分かるんだけれど……」で止まってしまうところがあります。まずは国が方針を示すことで、福島県や市町村の捉え方も変わってくるかなと思っています。

細野　私も、国が動けるようにお話をしっかり持って帰ります。しかし、震災から10年経つので、除染単体では国は動けない可能性も高いと思います。ですから、例えば鳥獣の被害対策とか、山火事や水害を含めた災害リスク対策を事業に絡める必要があると思います。実際、森林は人の手が入らず荒れ放題だと思うんですよね。それらに何らかの解決策が見出せるやり方が確立されれば、実現に近づくと思います。

遠藤　このまま森林が荒れ続けることによって起こる二次災害が心配です。すでに地滑りや土砂崩れで土砂がダムに流入し、貯水量が非常に下がっている実状もあります。また、獣害も深刻化しています。鳥獣は森が荒れれば里山に降りて来ますので、住民の帰還や暮らしの大きな障害にもなっています。今は完全に悪循環に陥っていますよ。本当に、様々な問題がじわじわと増え始めています。

研究や学識に地域の血を通わせる

細野　浜通りではイノベーションコースト構想が鳴り物入りで始まりました。ただ、地元住民の方と話していると、「イノベーションコースト構想っていうのは、自分たちには関係ないんです」という意見が多い。確かに現状では、地元の人たちや企業が一緒にやれる感じがあまりないんです。そういう意味では、御社は当事者として関われる企業だと思うんですよ。

遠藤　当社は地元企業の中では比較的接点があるほうですが、実感としては10％くらいしかイノベーションコースト構想の中には関わっていないというイメージがあります。

細野　正直言って、イノベーションコースト構想自体が残念ながらまだ地に足がついていないと思うんですよ。具体的な成果や新たな産業を生み出しているかというと、まだそこまでいっていませんから。

遠藤社長は、かつて様々な調査のために広く世界にも向かわれたと伺っております。一方でイノベーションコースト構想もまた、広く世界に目を向けた研究や開発をこの地域でやろうという構想です。地元の方であり、同時に国際的な経験もお持ちの遠藤社長と協力を深めることは、イノベーションコースト構想にとっても大きなアドバンテージになるかと思います。ぜひご活躍を期待したいと思います。

最後にお伺いしたいのが、中間貯蔵施設のことです。もうすでに相当整備されているので、あそこを使っていろいろなことができるんじゃないかと。あれだけ広大な安定した場所ならば、様々なやれることを創り出せるんじゃないかなと思ったんです。

それを国からの一方的視点だけではなく、地元の皆さんが何を望むかというところから具体的なプロジェクトが出てくるといいと思うんです。有効に使うことができれば、これまでは単なる迷惑施設という位置付けだったものを転換して、地域に価値をもたらす源にもでき得る。中間貯蔵施設が立地するのは双葉町と大熊町ですが、双葉郡全体の利益になるよう活用するということも考えられるかもしれない。

遠藤 見方を変えると違ったものが見えてくるかもしれない。確かにそうです。中間貯蔵施設にしても、イノベーションコースト構想にしても、期待が高まっている国際教育研究拠点にしても、今までは東京の学識経験者だったり、あるいは行政によってやや一方的に決められてきた印象を受けます。

これまでの10年間はやむを得なかったかもしれないですけれど、11年目以降のこれからが大事ですよね。例えば、中間貯蔵施設のエリアをどうするかを考える時に、計画づくりに住民をいかに巻き込み参画させるか、いわゆる「パブリックインボルブメント」という視点をしっかり入れていくということが大事かなと思います。

そのためには、参加する住民側も誰でも良いわけじゃなくて、公正に公募して、あるテーマについて一定の知識や関心、想いのある人が参加できるようにする。そのうえで、行政と研究機関や学識経験者とみんなで考えていけるプロセスが必要だと思います。そうした中に、住民の想いや考え、いわば「その地域の血を通わせていく」ことが重要です。そのほうが住民の関心も高まってきますし、地元の企業を巻き込んで一つの産業として活用するなどのアイデアが出てくるのではないかと思います。

細野　中間貯蔵施設に関しては現状、貯蔵施設として機能している間はもちろん、将来どうするかということすらも全く白地ですから、よいチャンスかもしれませんね。

遠藤　そうですね。

航空宇宙産業で地域の原点回帰を

細野　仮に遠藤さんが、自由にアイデアを出していいですよって言われたら、どんなものをお考えになりますか。

遠藤　この地域はどちらかと言うとネガティブなイメージが強いですよね。だから、私は「次の世代が魅力を感じる、夢を感じるような産業」を、この地域にしっかり根付かせなければならないと思っています。ここは東京から2時間ちょっとで来られて、あれだけ広大なフィールドもあるわけです。周辺にまだ住民がいない状況もありますが、視点を変えれば、「騒音などの影響をある程度軽減できるフィールド」という利点にも変わります。日本の基幹産業として育てるべき航空宇宙産業のフィールドとしての活用というのはあるかなと思っています。

細野　最近はイノベーションコースト構想の一端に航空宇宙も入りましたが、それを一端から主軸に持っていき、あの場所を有効に活用しようというのは素晴らしい発想だと思います。

遠藤　航空宇宙を考えた理由の一つには、「地域の原点回帰」という面もあります。第一原発の場所は戦時中、飛行訓練場だった歴史もあるんです。また、航空宇宙というのは遠隔技術の集大成的なものだと思うんですよね。第一原発の廃炉には最先端の遠隔技術が必要とされるでしょうから、廃炉と航空宇宙との間には技術の親和性も高いと感じています。

細野　この双葉郡の南側の地区にも、すでにロボットフィールドがいくつかありますよね。そういった技術と広大な敷地との非常に良いコラボレーションが可能だということですね。

遠藤　それらがつながって、大きな一つの幹になる可能性がある。将来性も大いにありますし、子供たちもそこに関心を持つようになるかなと思います。

細野　航空宇宙産業は間違いなく将来の鍵を握る分野だし、若い人たちがすごく関心を持つテーマでもありますよね。あとは無人化の技術とかロボットとうまく融合してくるようであれば、もしかしたら地域の高齢化社会のニーズにも合ってくるかもしれない。省力化して、できるだけ無人でサービスもやっていくというような分野にも生きてくるかもしれませんね。

遠藤　そうですね。

細野　震災時に政府にいた、そして今も政治の世界にいる人間として、私は覚悟を決めています。浜通りをはじめ福島の将来のために尽力し続けることは、私自身の使命だと思っているんです。今回のお話では非常に刺激的なアイデアをいただきましたので、私自身も色々と考えさせていただきたいと思います。本当に素晴らしい場所に会社をお作りになられましたから、この地域が今後どんどん良くなるといいですね。

遠藤　そうですね。11年目以降、やっぱりこの「地域のロードマップ」をしっかり掲げて、みんながそれに向かって目標と夢と希望を持って動けるようになれば良いと思っています。10年間というのは我慢の10年でしたが、11年目以降は「将来こうなっていくんだ」という具体的なビジョンが見えてくるようになればいいと思います。

避難している人にも、避難先で周りの人に堂々と胸を張って話せるような故郷にしていきたいなと。もしかすると今は、「あそこから避難した」ということを周りの人に言えない人もいるかもしれませんので。そういう地域づくりが大事だと思います。

細野　行政や政治は欠かせない要素ですけれど、その時の主役は民間の企業で、先頭を走っている皆さんかもしれない。

遠藤　住民をどのように主役にするか。住民が中心となるような体制で、この地域をどう考えていくかという視点がすごく大事だと思いますね。

細野　この雄大な太平洋を見ながら将来を展望して、ご活躍ください。心より応援しています。

対話5：大川勝正氏（大川魚店代表取締役社長）

3・11直後、警戒区域に指定された地域で家畜やペットが彷徨う情景が国内外で報じられた。この地域には、豊かな自然の中で人と動物が暮らす生活があり、それが突然に壊されたことの象徴だったとも思い返される。

ただ、いまそこには人と自然との新たな関係が再興しつつもある。一定時間、そこから人がいなくなった結果、かえって動植物の活動が活発化し、自然が回復したという研究がいくつも出ている。野に放たれた家畜・ペットのみならず、山の中に潜んでいたはずの野生動物が、かつての人里に降りてきた。狩猟や駆除をしなくなったからイノシシも増え、今でも至るところで目撃される。人の「手入れ」がなくなった結果、田んぼだったところに森のように木が乱立し、畑だったところに背の高い草が繁茂した。

3・11から10年たち、再び自然環境に人の手が入り、その振り子は改めて元に戻ろうとしている。ただ元来、この地域の自然は豊かで、それこそが今後もこの地域の強みとなり得る。

無論、その中に放射性物質がばらまかれ、今も消えきらずにいることは覆しようのない事実だ。いくら健康に影響がないレベルになったといっても、その存在は風評被害という問題として残り続けている。

　現在、風評被害が最も争点化しているのが福島第一原発の処理水の問題だ。混迷は長引いている。

　豊かな自然、その中で育まれ「常磐もの」といわれてきた水産資源。ヒラメ、アンコウ、アイナメ、メバル、ソイ……。それは大都市で高級品として流通してきたものでもあった。風評という傷と自然の豊かさという強みの間にある福島の今はいかなるものか。

　いわき市で鮮魚や贈答にも好まれる水産加工品を販売し、多くのファンを持つ大川魚店の大川勝正・代表取締役社長に話を聞いた。

*

細野　会社のあるいわき市の四倉は津波の被害も大きかったですね。

大川　そうですね。津波は来ましたね。この建物の1階部分にも来ました。今は何とかここで商売を再開できていますが、震災直後は食べ物を買える場所

大川勝正

株式会社大川魚店代表取締役社長。1974年福島県いわき市四倉生まれ。磐城高校、立教大学社会学部卒。家業を継ぐため、ジャスコ㈱／現イオン㈱に入社し、小売りのノウハウを学ぶ。2001年㈱大川魚店入社。時世に合わせるべく、惣菜部門の新設、ネットショップ開設、新商品開発を行う。2006年リニューアルした店舗が軌道に乗り始めた矢先、2011年3月、東日本大震災で被災。福島の原発事故、風評被害と向き合うことを決意。福島の地魚を地元のお客様に数多く届けることを目指す。2011年7月、営業再開。数多くの水産業復興会議に出席し、復興を模索する。2014年㈱大川魚店代表取締役社長に就任。2016年大川魚店泉店 OPEN。2018年大川魚店うすい郡山店 OPEN。福島の地魚を多くの県民の方へ届けられるよう、今後も地魚の販売チャンネルを増やす。趣味はサーフィン。福島の海は、仕事にも趣味にも欠かせない場所。4児の父。

もありませんでした。3月27日には店を再オープンしましたが、冷蔵・冷凍設備が全部壊れていたので乾き物や缶詰を売っていました。

細野　本当に大変でしたね。開沼さんは県立磐城高校出身ですから、大川社長は先輩にあたる。昔は「大川魚店で魚を買ってくる」ことは特別なイベントだったとのことですが。

開沼　子供の頃に親に連れてこられた時には、年末に高級な魚を桶型容器に綺麗に並べたものを買って、お世話になった人にお歳暮として贈っているのを見ていました。もちろん自分たちで食べる時もあったんですが、クルッときれいに盛り付けて薔薇の花びらみたいになっている刺身を食べると、程よい塩加減で子供の頃から大好きでした。今はお店の建物がとても綺麗ですけど、昔はもうちょっとワイルドな感じでしたよね。

大川　そうそう。ザ・魚屋。昔の魚屋って感じだったんです。

細野　地元の老舗である大川魚店が津波の被害を受けて、ここまで来るのは相当大変だったと思います。震災何年後くらいから「戻ってきたな」って感じがありましたか。

大川　震災直後は大変でしたね。2011年から13年までは全然だめで、ようやく少し戻ってきた、何とか商売できるところまできたという感じは2014年、15年くらいからやっとです。

細野　地元のお魚屋さんですから、地元の漁業とは切っても切れない関係にあると思うんですけれど、当初はお客さんが戻ってきても地元の魚を扱うというのは難しかったでしょうね。

大川　そうですね。最初の一年は、地元のものが全く取り扱えませんでした。確か2012年から試験操業が始まって週1回くらいは地元の魚が少しだけ取り扱えるようになり、水揚げがあるたびに必ず買うようにしていました。水揚げ量は当時より随分増えたとはいえ今もまだ試験操業中なので、地元の魚が切れる時もありますけどもね。

休漁すると資源が回復して魚が良くなる

細野　今日、お店には地元産の大きなヒラメが入っていましたね。他には今、どういう地魚が入っているんですか。

大川　ホウボウですね。本当は昨日、アンコウも狙ったんですけど買えなくて、今日はヒラメとホウボウだけです。

細野　開沼さんは釣りも嗜まれるとのことですが、ヒラメとかホウボウとかって海の中でも比較的深いところにいる魚ですよね。

開沼　はい。このあたりでも、船で少し沖に出るとよく釣れます。お店に並んでいる魚は底引網漁などで獲られている、この地域らしい魚種が多いですね。釣りをしていると80センチを超えるような、通称「座布団ヒラメ」と呼ばれるものが獲れます。原発事故後に漁業を一回止めたので水産資源が回復して、全体的に魚が大きくなりました。大きい魚は当然高く売れる可能性もあるので、以前よりも付加価値が高い漁業をできる可能性が出てきているという話もあったりします。

細野　福島県沖も含めた海域は、茨城県から三陸にかけて南からの黒潮と北からの親潮、対流のぶつかり合う世界有数の漁場となっていて、この地域の魚介類は以前から「常磐もの」というブランドで呼ばれ、非常に評判が良かったわけですよね。今は、商品に対する消費者の反応はどうですか。

大川　最近では福島の水産物をわざわざ目指して買いに来る方も多いですね。開沼さんのご指摘の通り、資源が回復して魚が震災前よりも実際に良くなっています。日本全体で見ると水産資源が少なくなって良い魚が水揚げされにくくなっているんですが、福島の魚は他と同じように並べると大きさも鮮度も見た目も良いし、味もいいのですごく評判がいいんです。

細野　漁業の考え方がだんだん変わってきて、昔はとにかく獲れるだけ獲る時代でしたけど、最近は資源管理をしっかりやっていこうという流れが生まれ始めましたよね。そういう意味でも、福島では新しい漁業をやりやすい環境ができているのかもしれませんね。

大川　肌感覚でも「休漁すると資源が回復して魚が良くなる」というのは、漁業関係者はみんな分かっています。

細野　一方で課題もあると思うんです。漁師さんの高齢化ということもあるだろうし、長期間試験操業しかできなくて廃業した人もいると思うんですよね。福島の漁師さんからは仲買人が減ったという話も聞きました。これから漁業を盛り上げていこうと思っても、はたして安定的にそれが市場で売れるのかという話もある。

大川　今年の4月ぐらいを目途に、試験操業を本操業に移行しようという話が福島県漁連でありま す。本操業に戻るのは僕も大歓迎なんですけど、「そのまま震災前の漁業に戻すべきなのか」という話もあります。やっぱり震災から10年も経って、世の中も変わった。それこそ「ＳＤＧｓ」(Sustainable Development Goals の略。持続可能な開発目標のこと) で持続可能な漁業という考えを取り入れていけばいいなとは思うんですけど。

細野　なるほど。今はすべての魚種の出荷制限が解除されたんですよね。そういった意味では、すでに試験操業から本格操業に移行できる環境は整ったとも言えます。そこをどう後押しするかは政府も本腰を入れて考え始めていますが、政府がやれること、やるべきことは何でしょうか。

大川　今は震災前の15～18％前後の量しか水揚げしていないですよね。その比率をぐっと上げた時に問題となるのが、どうやってその量を売るかです。大きな取引が途絶えて10年、仲買も弱り衰退してしまった中で、改めて安定した販売先を確保するのは至難です。申し訳ないですけど、しばらくの期間は地元だけでなく他の地域にも福島の販売枠とかを何とか入れさせてもらって、とにかく物が流れるようにしていただけると漁師さんも再開しやすいと思います。

細野　現状、一番弱ってしまっているのは仲買でしょうか。小売関係も相当でしょうけれども。

大川　うーん。どっちもなんですけれど、それでも仲買は単純に取扱量が増えるだけなので何とか捌(さば)けるような気はしますが、どちらかというと取引先ですかね。

開沼　イオンが協力してくれて、「福島の常磐ものを売ろう」という動きがありました。あれだけの販売網があれば結構な枠になると思うんですが、それだけでは弱いでしょうか。

大川　イオンさんはやってくださるんですが、単発イベントとか、まとまった水揚げが入る時だけの企画ものが中心で持続性がないんですよね。それだと、なかなか継続的な取引ができないかな。

開沼　大川さんと直近でお会いしたのは1年半くらい前でしたか。日比谷公園で魚を売ってらっしゃって。日比谷公園には、霞が関から内幸町側から役所や大きな企業の人が来ますので、いろいろなネットワークができるという効果もあるんじゃないですかね。

大川　そのイベントは、「ジャパン・フィッシャーマンズ・フェスティバル」というお魚屋さんだけを集めたフェスでしたね。僕はそこで3社くらいあった福島枠のうちの1社として出店させてもらいました。全国の美味しいお魚屋さんがシノギを削っているところに行って同じ土俵で勝負できるのは勉強になるし、売り方や販売網も切磋琢磨できるし、あれだけのお客さんがいると宣伝効果もすごい。あれは非常にいいイベントだなと思います。

細野　去年は残念ながら新型コロナウイルスの影響で来られなかったんですけど、私も2012年から毎年静岡からいろいろな人と一緒に団体旅行で福島に来ています。その時は必ず福島のお魚を食べるんです。美味しいのでもっと頻繁に食べたいんだけど、実際には福島に来ないとなかなか食べられない。常磐ものが東京や大手のスーパーに出回れば手軽に買えるんですが。

大川　そう、ほとんど出回っていないんです。地元消費と豊洲や仙台に少し流れているだけで、普通の人が買おうと思っても難しい現状ですね。

細野　本操業でいきなり震災前と同じ100には戻らないにしても、50とか60になれば今の試験操業に比べて3倍以上の物量になるわけですよね。そうすると、私が福島の魚を口にする機会も確実に増えそうです。本操業に向けて、今後は福島の海産物が非常に美味しくて、しかも大きさも含め以前よりさらに良質になっていることを、消費者なり、大手流通や販売会社にもっと知ってもらう必要がありますね。あとはやっぱり、値段が戻るかどうかですか。

大川　今は新型コロナで飲食業が全体的に厳しいので、値段がどうなるかは分からないところがあります。ただ、福島は豊洲にも比較的近い地域にあって流通はいいんです。福島の魚を特別に探そうと思わなくても、普段行くお店で普通に食べられる状態に持っていけるといいかな。

細野　そうなんですよ。道路も整っていて流通はものすごくいいんです。大消費地の東京にも仙台にもすぐ持っていける。

大川　はい。途中の道路も雪がほとんど降らないし。

細野　福島での漁業の水揚げ量は今後、だんだんと増えてくると思うんです。仮定としての話ですが、付加価値を高めてちゃんと売れる仕組みを全面的にサポートするのは大前提だけれども、どうしても売れない場合には最後は政府で買い上げるという保障があれば、関係者としては安心感につながりますか。

大川　買い上げるんだったら、いっそ水揚げしないで資源を回復したほうがいいかもしれません。あんまり乱獲して痩せた海になるのも嫌だし。

細野　なるほど。漁業はこれからの時代、資源管理がより重要になると私も思うんですよ。一方で、福島の場合は水揚げ抑制が続きすぎて、仲買も含め産業としての地域漁業そのものが弱り、途絶えかねないという切迫した問題もある。例えば、水揚げ量が震災前の6割であれば適正価格で売れるということならそれが一番いいし、仮に8割になった時に市場で売るだけでは値段が下がってしまうのであれば、一部を買い取って確実に販路を政府が見つけていくというのはあり得ますか。

大川　そうですね。ちゃんと資源管理がされる前提であれば、そういうセーフティネットがあることで安心感が強まるかなって思いますよね。

処理水海洋放出の前にすべきこと

細野　間もなく本格操業開始ですから、どうすれば皆さんが安心して漁業をやっていただき、福島の魚が正当に評価されながら市場に回るかという仕組みづくりが目下の課題です。そして今、関係者が一番懸念しているのが処理水の問題ですよね。

大川　そうですね。

細野　この問題を福島の皆さんと話すのは本当にしんどいのですが、逃げるわけにはいかないと思って今日はここに来ました。福島県外の方と議論する時は、はっきり言うんです。トリチウムを含む処理水は世界中の原発で排出されていて、しかもその量は福島と比べても多い。そちらは問題とされていないし、健康被害の報告も全くないのに、福島で出すことだけを特別視して反対するのは福島に対する不当な偏見ではないかと。中には「処理水は危険だ」と主張する人もいるんですけど、それは全く科学的な事実ではないと反論するようにしています。

　また、処理水問題について福島を良く知る県外の人の中には、「風評問題をむやみに懸念してピックアップすること自体が風評を発生させ、被害を大きくするんじゃないか」「処理水を危険だとして問題視する人の多くは、そもそも最初から福島の漁業にとっての消費者ではない」などの声もあります。

　ただ、この問題ではまず福島の水産業に関わる当事者の声を聞かなければいけないと思います。大川さんは率直に、処理水についてどうお考えになっていますか。

大川　すごく複雑な問題ですね。たぶん、皆さんおっしゃると思うんですけど、福島の漁業関係、水産関係の方はみんな流してほしくないと言っています。僕もそうですね。それは自分たちの立場からすればデメリットばかりで何のメリットもないですから、流してほしくはない。原発事故後からここまで、皆さん、何とか積み上げてきた10年があるので、それを壊してほしくないと思うんです。

ただ、例えば原発の廃炉を進めるにあたって、やっぱり水は何とか処理しなきゃいけないというところはあります。僕はいわきの四倉という原発から近いところに住んでいて、双葉郡には親戚もいて馴染みのある地域ですから、廃炉を一日でも早く実現してほしいと思います。その廃炉のスピードを上げるためには、やっぱり水を何とかしてほしいって思いも同時にあるんですね。いつまでもタンク保管、陸上保管というのもちょっと違うなと思っていて。順番を追ってやっていかないといけないと感じています。

処理するのであれば、まずは世間の多くの皆さんにトリチウム水が何なのかを理解してもらって、日本の原発でも、世界の原発でもそのトリチウム水を稀釈して海に流していることを知ってもらう。その後に福島の水どうしましょうかっていう感じがいいのかなと思うんですけれど、時間もないのでどうしたもんかなといった感じですね。

細野　去年は降水量が比較的例年より少なかったので期限は伸びましたが、2022年末には敷地内が一杯になります。私はそれまでの期間が極めて大事だと思っていて、きちっと説明して社会に処理水とトリチウムの理解を広めなくてはいけないし、海洋放出するならばその準備もしなければならない。それと、福島の漁業をどう支え、持続発展させるかという仕組みもしっかり決めていかなければならない。そういう意味ではこの2年が非常に貴重なんですよね。
大川　そうですね。
細野　この問題に関しては、これまであらゆる決断が遅れがちで、本格的な準備が始められていない状況になっていることが気になっています。
大川　そうですね。なし崩しが最悪です。社会での理解をロクに広めようともせずに「時間がないからこれしかない」って。そうなると「えっ?」てなっちゃいますね。
細野　確かに、なし崩しは最悪ですね。そうなる事態は全力で回避しなければならないと思っています。もう一つ気になっているのは、浜通りでもそれぞれ立場の違いが出てきていることです。双葉町と大熊町の町長さんはこのままの状況で保管することに反対を表明されたんですね。例えば、台風が直撃してトリチウム以外の放射性物質が取り除かれていない水が漏洩するリスクはあります。一方で漁業に関わる人の中では、海洋放出を非常に心配する声がある。

「福島だから食えるか、返して来い」

開沼　現場の方はこれまで、自分たちでやれることは全力でやってこられています。その一方で、リスクコミュニケーションや処理水関係などの政治的な仕事は本来、政府に対応してもらいたいのに、どうして何もしてくれないんだろうという不満が根本にあると思います。
　例えば、新型コロナの話にしたって、韓国と揉めていることにしたって、政府からは「これはそういう話が流布(るふ)しているけど事実は違いますよ」という説明や反論がなされることはある。ただ、トリチウムや処理水について懸念や反発が起こったとしても、「いや違います」と前面に立って言う人がいない。いつも矢面で戦わされてきたのは、地元の被災者自身だった。そういう姿勢が10年経っても変わらないから、地元には諦めムードがある。政治問題に対し政治が何も動いてくれないなら、処理水を流すことはそのまま風評が拡大するということであり、自分たちがまた矢面に立たされることがイコールになるだろうと。

そもそも風評の問題の主戦場は、福島県内ではなく県外です。地元の人間ができる対応には限界がある。しかし、政府が言う「前面に立つ」はいつも言葉だけで、現場にぶつけられてきた風評や言いがかりなど悪意との対峙を避け、せいぜいが通り一遍的な「正しい情報」を書いたパンフレットを作る程度で済ませてきた。今までの積み重ねが問題を複雑にしていると思いますね。政府が具体的にやるべきことはいっぱいあるはずです。具体的にやってもらいたいことは何でしょうか。

大川　そうですね。やっぱり、国でも東電でも先頭に立って、トリチウム水の安全性と世界での今までの原発処理水の扱い方を説明して、それを福島県でもやろうと思いますっていう説明を何回もやってもらいたいです。何回もですよね。一回言いましたじゃなくて、何回もやってほしい。

開沼　これまでのやり方だと、処理水の海洋放出を決める時には、ポッと言うはずなんです。ここで政府も変わってきたなって思わせなきゃいけない。海洋放出を決める前にも、決めた瞬間も、そして決めたあとも繰り返し安全性を説明する。そうなった時に葛藤が消えていく瞬間が来るのかなって気もしますけどね。

細野　私自身も反省するべきと思うのは、ずいぶん前から福島の魚介類で100ベクレルを超えるものなんてほぼなかったのに、現実離れした懸念を表明する人は一定数いたわけです。それに対し「違いますよ」とどれくらい強く言ってきたのかと。非常に控えめな説明に留まって、踏み込んだ反論をしてこなかった。

大川　原発事故直後は高濃度汚染水が流出して、魚も海も汚染されたんですね。何万ベクレルという数値が検出されたりして本当にダメだった。その時は何も言いようがなくて、福島から遠く離れた地域のエリアのお魚を仕入れて売るしかできなかったんです。でも時間が経つにつれて地元の魚も放射性物質が検出されにくくなって、試験操業で水揚げできる魚種も増えて、海域も増えていった。

僕はちっちゃい魚屋ですけど、初めは毎日、SNSとかに上げていました。試験操業が始まった頃は、ポップを店中に張り巡らした。対象の魚種、対象海域、あと「試験操業で放射能検査をして安全性が確認されたから、ここのお店まで流れてます」みたいなことを書いた。それを何年もやって、やっと少しお客さんに認知してもらえた。一回言って分かる人なんてあまりいないので、何回も何回もやるしかないのかなって感じはしています。

細野　福島の魚を売るなんてとんでもないとか、そう言う声もありましたか。

大川　ありましたね。初めはSNSで、そういう声は結構ありました。それに傷ついたという人もいるんですけど、僕は「こういうことを書くと、こういうことを思う人がいるんだ」とすごく勉強になった。どういうふうに伝えればいいのかをずっと試行錯誤してましたね。

ただ、お店で直接拒絶された時はショックでした。震災1年目の頃はお店の営業が良くなかったので、都会の百貨店とか物産展とかのイベントに出てたんですね。前の日に接客販売したお客さんが次の日にも来てくれて、「あっ、昨日接客したお客さんだ」と思って、「また買いに来てくれたのかな」みたいな感じでワクワクして接客しようとすると、「これ家に持って帰ったら旦那とか息子に『こんなもの、福島だから食えるか、返して来い』って言われちゃったから、全部返金してください」って言うんです。

細野 翌日になっての魚の返品ですか。それは忘れられない記憶ですね。

大川 もう本当に、その日一日、頭がぐらぐらしちゃって。誹謗中傷する人ってちょっと変わった人が多いんですが、商品を全部返してきた人は普通の印象の方だったんですよ。それがショックでした。普通の人もこんなに嫌がっちゃうんだと思って、このレベル感なんだぁと思って。これは大変だという思いはありました。

細野 そういう時に「いや、違うんだ」と政府が前面に出て戦っている感じがなかったかもしれませんね。

大川 うーん。そうですね。でも、あの当時はどっちかっていうと、政府はそれどころじゃないくらいバタバタしてる感じがしました。

細野 あの頃は確かにそうだったんですけれど、もう10年経っているので、そういう言い訳は通用しないと思うんです。処理水の問題に答えを出して、政府が前面に出て説明しなければいけない。

大川 そうですね。どのみち廃炉にするのは大変な作業だし、ゼロリスクとノーダメージでは終われないので。これからデブリも取らなきゃいけないし、いろいろハードルが高いですよね。科学的には全然問題ないことを、もっと全面的に発信してもらえたらなと。

細野　この4月に本格操業開始を控えて、福島の漁業に関わる方が処理水の海洋放出を何とか止めてくれと言いたい気持ちはよく分かります。ただ、処理水の海洋放出に安全上の問題がないことは科学的な事実なんですよね。これから福島は廃炉に向かって、もっとシビアな課題にも向き合っていかなければならない。処理水問題を先延ばしにするだけでは解決にはならないし、これを乗り越えられないと先にもっといろんな困難があるだろうとも思うんです。

開沼　魚を食べる文化の衰退も止める必要がありますね。この辺では、秋刀魚が結構獲れるので、僕が子供の頃から秋刀魚のみりん干しが給食に出てきた。子供の時には少し苦手でしたが、大人になるとすごく美味しい。地元の魚を食べる文化を子供の頃から育てるべきです。

大川さんたち漁業関係者は、これまでできることをやってきた。処理水については、私も有識者としていろいろな会議で相当言ってきましたし、中央省庁の関係者も前面に立つことはしてきたと思うんです。残っているのは政治だけです。言葉として「前面に立つ」という台詞は何度も聞いたけれど、その形跡がないままに10年が経ってしまった。そこが変わった時に、それぞれの立場で努力してきた人たちからの信頼が回復すると思うし、漁業が産業として、あるいは地域の文化として回復していくのかなと思いますね。

細野　政治の責任は大きいですね。肝に銘じます。それでは話はこれくらいにして、福島のお魚の買い物に入りたいと思います。ありがとうございました。

対話6：佐藤雄平氏（前福島県知事）

福島県には59の市町村があり、3・11の際はその全てが何らかの対応に追われた。被災の中心から離れていても、避難者・自治体を受け入れる側に立ち奮闘した人々がいた。風評被害は放射線量の高低に必ずしも比例するわけではなく、県内各地に悪影響を与え続けてきた。

市町村と国の間に立ち、大きな方針の舵取りをしてきたのは県であり、その中心にいたのが福島県知事だった。

2006年に福島県知事に就任し、3・11当時もその任にあたっていた佐藤雄平氏は、2014年の引退の後、表で何かを語ることをほとんどしてこなかった。あの時、何を考え、現在をどう見ているのか。福島の未来をいかに見据えているのか。改めて話を聞いた。

＊

細野　ずいぶんとご無沙汰をしておりました。

佐藤　しばらくだね。

細野　当時を思い出しながら、あえて「知事」と呼ばせていただきます。震災と原発事故から10年が経とうとしています。当時を思い起こすと本当に忘れられないことばかりで強烈な記憶なんですけれど、まず10年が経った現状をどう思われているのかをお聞かせください。

佐藤　10年経っても、つい昨日のことのように当時を思い出しますよ。地震のあとに原子力発電所が爆発することは事前に考えてもいませんでした。東京電力だけでなく国からも安全のために何重にも念入りな構造になっているから、「仮に地震が起きても、津波が来てもメルトダウンの可能性は心配ない」と繰り返されてきた。想定外とはいえ、事故の可能性はないと各自治体の皆さんも信じていたから。

そこに事故が起こってしまった。私がまず第一に護らなければならなかったのは、福島県民の生命と安全だった。しかし、被曝そのもので生命の被害を受けた方はいなかったけれど、やっぱり原発災害が怖いのは避難してからのことですね。何年にもわたる避難生活、そして家があっても汚染度が高く戻れないなど、それが被災三県の中で突出して高齢者を中心に２０００人以上が震災関連死として亡くなっている。

物理的な面と精神的な面と、どちらもまだ課題が残りますが、特に精神的な面での原発事故の厳しさは今でも大きくありますよね。

細野　3月11日からの時間の中でも知事が「これは厳しい」と最も思った瞬間はどの辺りだったんですか。

佐藤　やはり、まず県民の安全安心。「安全なところはどこなんだ」ということです。福島県全体でどの地域に放射能が広がって、どこで雨が降って、県内の線量はどのようになっているのか。それを環境省や国の役人に聞いても全く返事がなかった。だから素人の感覚を頼りに、やっぱり遠いほうが安心と思ってみんなで少しでも遠いほうに避難した。ただ、そのあとになってから、文科省から風向きが云々ということで。

細野　ＳＰＥＥＤＩ（緊急時迅速放射能影響予測ネットワークシステム）ですね。

佐藤　とっくに避難したあとになってからＳＰＥＥＤＩのデータが出てきた。なぜあれを早く出さなかったのかと今も思いますよ。やっぱり、あそこで一番怒り心頭だったのは浪江の町長なんだろうなあ。避難したのは良かったんだけれど、よりによって避難した先の放射線量が高かった。あとで福島県に対しても浪江町からは苦言があったけれど、我々も浪江と全く同じで、事故から1週間経った頃になって、ＳＰＥＥＤＩの存在を初めて聞かされました。あれはつらかった。

あとは避難所のことですね。避難開始から即座に、福島県と市町村の公営施設は避難所として全部開放したんだけれど、双葉郡を中心に福島県全体として16万人もの人々が避難したわけです。どこに何人避難しているかが全く分からない。それは要するに、県民が無事か、健康であるかの安否すらも確認できず、安全も担保できていないということで、本当に眠れなかった。結局、双葉

佐藤雄平

前福島県知事。1947年12月13日生まれ。福島県下郷町出身。神奈川大経済学部卒。叔父の渡部恒三衆院議員（2020年8月に死去）の秘書、厚生相秘書官を経て参院議員に当選し2期、沖縄・北方問題特別委員長、予算委員会筆頭理事を務めた。2006年11月の出直し知事選で初当選し、企業誘致や定住二地域居住などを進めた。2期目途中の11年3月に東日本大震災と東京電力福島第一原発事故が発生。地震、津波、原発事故の複合災害からの復興に取り組み、14年11月に任期満了で退任した。

郡の町村長と連携を取り合って、県民の避難状況が概ね分かったのは2～3カ月後ぐらいでした。

そしてその後は、やっぱり除染がどこまで進んだのか。すると「こんなに幅が広い、いいかげんな話はないだろう」という話になった。そこに、あの内閣官房参与の小佐古（敏荘）さんが涙ながらに「この数値（年間20ｍＳｖ）を、乳児・幼児・小学生にまで求めることは、私は受け入れることができません。自分の子供をそういう目に遭わせられるかといったら絶対嫌です」みたいな会見までしたから、今度は子供を持つ父母から厳しい除染を求める要望が殺到しました。

それで、学校の校庭や通学路を徹底的に除染することになった。みんな子供たちが心配だから、郡山では政府の動きを待たずにまずは自分たちで早急に除染をしてしまった。その除染に対しても、細野大臣は二つ返事で補助の対象にしてくれた。あれで生徒を持つ親と学校の教育者は、ひとまず安心して学校に通学できるようにはなったんだけれど。だから、一番頑張ったし苦労もしたのは、県民、特に子供たちの安全安心かな。事故から3カ月くらいでやっと、県民の安全安心の環境づくりの方向性は作れたかなと思いましたね。

でも、それから先がまた大変だった。除染したものを一旦どこかに仮置きするのだから。全部除染したものを各家庭の庭に置いて仮置きしたり、次はそれをそれぞれの庭から各市町村で集めて、またまとめてくださいと。一時的な置き場をそれぞれに作ったのはいいけれど、それをまたどこか一カ所に集めるためには中間貯蔵施設を作らなければいけない。

中間貯蔵施設をどこに作るかとなった時、結局は原発のある大熊と双葉にお願いするしかなくなったんです。これは大都会の皆さんには理解できないかもしれないけれど、福島県や地方の皆さんからすると、その土地は先祖伝来のもので、ひいじいちゃんから、じいちゃんから、お父さんから、息子に、もう何代にもわたった大事な土地なわけですよ。お墓もあるし。本来は自分の代で好きにどうこうしていいものじゃなくて、ご先祖から受け継いだ土地を、少しずつ価値のあるようにしながら次の世代に継いでいくもの。特措法でも30年で廃棄物を県外に持ち出すということは、先祖からの土地を地権者に戻すということなんです。

それでも中間貯蔵施設は、福島の再興のためにも必要になってくる。だから、何とか中間貯蔵施設を作るために土地の確保が必要ということで、大熊と双葉の町長と、双葉郡全体に本当にご苦労をかけた。最後は両町長と双葉郡の皆さんが苦渋の決断をしていただいたんです。

原発事故のあとにはいろいろな課題があったけれど、中間貯蔵施設で地元に了解してもらい、県民としては除染土を収納してもらえる目途が立った。これで福島がようやく再興のスタートに立てるなって思いがありました。本当に申し訳なかったけれど、ありがたかった。

国の法律を地方が作った福島復興再生特措法

細野　浪江の馬場（有）町長って、並々ならぬ責任感と覚悟で町の人たちの人生を背負っておられた方だったんですけれど、拭い難い政府への不信感を持ってしまった。原因はやはりSPEEDIの経緯ですよね。SPEEDIは当時、まだ試験段階で実戦に使える代物ではなかったんですが、事故対応の一番最初の時点から政府と大きくすれ違う理由となってしまった。それをもう一度、政府が信頼を取り戻して足並みをそろえて協力していくのが本当に難しかった。そのことは私にとって痛恨の記憶です。

浪江町と同じように、県知事と政府の間にもいろいろな行き違いがあって、不信感も積もっていたわけじゃないですか。私が9月に環境大臣になってからも、いろいろと厳しいことを言われることは当然ありながら、建設的な議論を交わせる協力関係にまで持っていっていただいた。政府や東電に対する不信感は当然、お持ちになりながらも、同時に協力もしていかなければならない関係でもあった。当時のお気持ちはどのようなものだったのですか。

佐藤 これは古い話になるんだけれども、福島県は昔から電力県なんですよね。戦後、電源開発法により県内を流れる只見川で、どんどん水力発電所を作った。その後、原子力発電所も作って、東京を中心とした首都圏電力の3分の1は我が福島県と新潟県で提供していた。間違いなく、日本の経済と発展、首都圏の皆さんの生活に大きな寄与をしたと思うんです。

そこに残念ながら原発事故が起きた。「想定外」と言っているものの、原因者は東京電力と国であり、福島の原発で作られた膨大な電気は地元では使われず、全て首都圏に送られていた。そういう状況で、原発事故の対応に「国は福島県を全力で支援しますから」という言葉をよく使う。これには当初、抵抗がありました。

「何を他人事のように言っているんだ！　あなた方の、首都圏の、『東京電力』の事故なんだよ」と。「我が県は被災地なんだよ！」と。

要するに、東京電力にしても経産省にしても、役人がことあるごとに「支援します」と言う。これには本当に抵抗を感じてね。
残念ながら、中央には原発事故で自分たちが当事者なんだという感覚が希薄だった。だから当時はいろいろと対立したこともありました。そういうことをぶつけ合って、互いの立場を少しずつ理解しながら今日に来たのかなと思うけれども、ただ、これからが大変だからね。まだスタートについたばかりの話だから。

細野　知事が参議院議員をやっておられた頃から私は党が一緒でしたし、お世話になってきました。ただ、私が閣僚として、知事が福島県知事として、お互いがその立場になってから初めて県庁で話した時にはもう、印象も顔つきもガラッと変わっておられました。開口一番「福島が地元だと思ってやれ」と言われたのはすごくよく覚えています。あれで私も目が覚めたんです。

佐藤　細野さんは私が言ったことを真に受けて、本当に毎日のように福島に通い詰めたし、自分の故郷の事故として必死でやってくれた。これは細野さんにも言ったかも分からないけれど、東京電力が原発事故を起こしてからの記者会見を、東京電力の本店で広報課長か何かがやっているのを見て、「何をやってんだ」と東京電力という存在がとても遠くに感じられました。
その後も東京電力は、福島の事故に対応するための組織を本店内において対応しており、その一方で、現場で毎日、事故の収束に入っている人たちの多くは下請けの下請けの下請け。双葉郡とかいわきとか、本当に一番被害を受けた被災者たちが現場に駆り出されているのに、事故対応は東京でしている。だから、復興本社はこっちに持って来いと言った。この辺りもだいぶやり合った。

細野　その温度差を埋めるのが、まず初めは大変でしたか。

佐藤　大変でした。温度差が埋まったのは、やっぱり復興本社をこっちに持ってきてからだった。福島に来てからやっと、多くの地元の苦しみや課題が共有できるようになりました。

開沼　知事を退任されるタイミングで中間貯蔵施設の目途を立てた、これは重要な功績だと思いますが、原発事故後10年というタイミングで改めて政策を振り返った時に、やっておいて良かったと感じることは他に何がありますか。

佐藤　補償問題の進展と、もう一つは福島復興再生特別措置法という法律を作ったこと。最初は、何をするにも政府は「閣議決定」ばっかり言ってきた。確かに閣議決定は大事だけれども、せっかく決めたことも別の内閣になったらなかったことにされる。特別措置法を作ることによって、政権が自民党であろうが民主党（当時）であろうが、法律が根拠になって、復興政策の一貫性と継続性がある程度担保できるようになる。

だから、ともかくこの法律を作ろうということで、県の役人と町村長とも非常に細部まで打ち合わせして、それを成文化したということ。これはやっといて良かったなと思いました。その後、どんな内閣になっても、きちっと法律に書かれていることはしなきゃいけないから。

細野　あの法律は異例でしたよね。ほとんど地方発ですからね。

佐藤　あの時、細野さんには我が身のこととして全身全霊を尽くしてもらいましたね。

細野　私も関わりました。国の法律を地方が作った極めて稀な例ですよね。もともと国の側では、特定の法律に基づいて復興政策を進めるという発想はなかったんです。個別の案件にその都度閣議決定で予算を付けて、現場はそれを待って事業を進めるという感じだったんです。

佐藤　その通り。
細野　それではだめだっていう知事の強い思いで、地方がほぼ全て作って政府が採用した極めて珍しい法律でしたね。
佐藤　まだまだ復興の道半ばだけれど、この法律で相当、福島の復興が加速した部分もあるんじゃないかな。

県民の努力、県外の皆さんの努力

細野　当時、廃炉の前線基地で、一時期は自衛隊が管理していたJヴィレッジが今や見事に復活し、大規模なサッカートレーニングセンターに戻っていたりしますよね。頭では分かっていましたが、感覚的には正直、本当に元通りにできるのか、当時は不安だったんです。あとは、川内村では住民の8割が村に戻っている。これは帰村宣言が早かったこともあったんですけれども。
もう一つ本当に驚くべきこととして、「いちえふ」が立地する大熊町内にある大川原地区が、今や一大復興拠点になっていること。10年経ってまだまだ課題は山積していますが、10年でよくここまで来たなって言えるところもかなりあると思いますね。
佐藤　川内村は、特にそうですね。遠藤（雄幸）村長さんが立派な村長で、本当に村民とも一心同体、帰村してからも新しい野菜工場を作ったり、大阪から工場が来たりしました。だから、川内村は「住んで良かったな」というような若者がたくさんいるんですよ。もともと川内村ってとても良い村だったんだけれど、やっぱり原発事故にめげず、さらにまた良くなった村じゃないかな。

開沼　原発事故後の福島をより良くするため、県としても当初から様々な復興のビジョンを出したりしたものの、当時の雰囲気では多くが絵空事扱いされた状況もありましたよね。今でこそ双葉町の避難指示解除が始まったところまで来ましたけれども、当時はいろんな雑音というか、例えば「20㎞圏内はもう絶対住めない」みたいな意見も当然のごとく流布していたことを私も記憶していますし、そう考える人が県庁内にも一定数いるような状況だったのではないかと思います。そこで諦めなかったことが今につながっているのではないかと思いますが、そういったネガティブな意見に負けないために、どういうお気持ちだったのか伺いたいです。

佐藤　原発立地の大熊町、双葉町どころか、双葉郡や福島県全体が、そういう「危険な県」だという見方をされていました。開沼さんも知っていると思うけれども、子供たちが7000人近く県外に避難したわけですよね。ほぼ全国に避難し、温かく迎えていただいたのだけれど、中には「福島県は放射能」って言われた子供もいて、かわいそうな思いをさせてしまった。つらかったのは、福島の高校生が修学旅行に行って、そこで他の地域から来た高校生が「福島県の生徒が入った風呂には入れない」という話になって。当初から本当にいろいろありましたけどね。

そうした中で、ありがたかったのは、シンガーソングライターの小椋佳さんと東京の福島県人会の尽力だった。小椋さんは定住二地域居住といって、たまたま以前から裏磐梯にも住居を持っていてくれた。そのご縁もあって、福島県を励まそうと県人会と一緒に70人くらいでスタートしたのかな。それから福島県出身とか福島県と関係のある人たちがずらっと集まってきて、「福島友の会」っていう500人くらいの組織になった。福島の復興に我々も頑張ろうって始めてくれた支援団みたいな感じでした。そういう活動がだんだん染み入ってきて、「福島は危ない」というところから、応援しなきゃという雰囲気を高めてくれた。風評の払拭にもなっています。

海外でもロンドンとかパリとかアメリカとか、それぞれの国にある福島県人会が、「海外でも福島は危ないところだって話になってしまっているから」と、実際の福島の映像を見せたりイベントを開催してくれた。もちろん、福島県民の努力はあるけれど、同時にそういう県外の皆さんの努力が、復興が進んだ大きな要素にもなっていると思います。

風化と風評はオモテとウラ

開沼 風評の問題は、だいぶ戦って成果を挙げてきたと思います。一方で10年経っても残っている部分もあるなと。でも政治行政だけではどうにかできないところもある。大変だったんじゃないかなと思いますけど、どうでしたか。

佐藤 そうですね。県知事として私も、東京や大阪の市場に行ってトップセールスをしてきましたが、私が嬉しかったのは、大阪で市場の所長さんだか会長さんが、早朝4時頃の朝一番で、市場関係者が何百人もいる前で開口一番、「今日知事がお見えになっているけど、福島県の農産物はともかく美味しいし120%安全ですから！」と言ってくれた。

福島県から出荷される食べ物は、科学的にはもう全部安全にはなっている。だけど一つ、消費者に伝えなくちゃならないのは安全だけでなく安心なんですよ。その安心というのを得るためにはどういうふうにしていくかが、一番の課題ですから。

10年過ぎても東京で2割くらいか、福島県のものは好まないと言う人もいます。仕方がないことだとは思うけれど、それは安心につながるように伝えきれてないからというところもある。やっぱり、極力は福島県にみんなに来てもらうことが大事かなと。

細野 私も2012年から、地元静岡の後援会の旅行先は福島にしているんですよ。

佐藤 何年もずっと来てもらっていましたね。ありがたかった。

細野 最初の2012年はたぶん300人ぐらいで、一番多い年で500人近かったかな。初年は会津旅行からのスタートだったんですけれど、2012年頃は福島に団体客がほとんど来なかった時期だったので、皆さんとても喜んでいただけました。そこから毎年必ず、福島ツアーを続けました。残念ながら去年だけは、新型コロナウイルスの影響で実施できなかったんですけれど。

今、私の支援者の家にいくと、だいたい玄関に、福島土産の起き上がり小法師(こぼし)か赤べこのどちらかがあるんですよ。何より、参加した人はみんな福島が好きになったと口々に言うんです。最近、うちの地元支援者の間では福島のイメージが原発からだいぶ離れています。原発事故があろうがなかろうが、福島は良いところだと。食べ物はどれも美味しいし、観光地としても楽しいと。

より大勢の人を、こういう感覚にまで持って来られればいいなと思っています。実際、何回も訪れて、ちゃんと福島の魅力に触れているとだんだんそうなってくる。でも、復興している福島をまだ訪れていない人や、もしくはせっかく来ても原発や放射能のことしか頭にないような人には、そういうイメージが全くない場合が多いんです。

佐藤 そういうことなんでしょうね。これがまた難しいのは「風化しないように」という話。「風化と風評」というのはオモテウラのようなもので、よく「福島のことは皆さん忘れないようにしましょう」「風化させないようにしましょう」と言うけれど、一部では福島と聞くと原発事故を思い出させる可能性もあるだろうから、良いような悪いような感じもします。

細野　一つのポイントは、やっぱり安心と安全ということがあると思います。先ほど前段の部分でお話しした学校周りの除染が検討され始めたのは、ちょうどゴールデンウィーク直前だったんです。私は当時まだ補佐官で権限がなかったものの、何とか学校が始まる前に、ゴールデンウィーク中に除染をやるべきだと訴えた覚えがあります。

正直なところ、あの時点でも安全という観点からは、たとえ除染をやらなかったとしても問題ないと言えるレベルの放射線の値ではありました。ただ、安心してもらうために行政が住民の方々の不安に寄り添い、それを払拭しようとする決意と姿勢を、社会に強く示していく意味もありました。

仮に除染をやっていなかったら、住民からの行政に対する不信がますます高まって、子供を持つ若い人を中心とした避難者がより一層増えた可能性も高く、除染の取り組みは福島から人がいなくなる状況を避けたという意味では非常に大きかったと思います。

佐藤　原発事故で、子供たちが故郷を追われるように県外に避難しちゃったというのはつらかった。

細野　除染について、5月にはとにかく臨時応急的に学校周りを最優先で行いましたが、次第に他の場所でも除染することが決まっていきました。8月頃に環境省が担当してやることになって、私が環境大臣になったのは9月なんですよ。私は環境大臣を、事実上の除染担当大臣になるような状況で受けたんです。ただ、正直やり方も分からないし、どれくらい予算がかかるかも分からない中で、本当に手探りでやらざるを得ませんでした。

佐藤　手探りの状況が一番つらかった。効果的なやり方も手順も予算も何も決まる前に勝手に先走るようなところも出たし、それで「もう除染やっちゃったから」とお金だけは請求されることもありました。そんな無茶なやり方をされては、本来なら行政としては支払えない。福島県の全学校で除染した分については細野大臣にご理解をいただき、そういうケースにまで無理無理、補助をつけていきました。これは、先の話のように、子供たちに安心してもらいたかったからなんです。

「1mSv」は福島県民の要望だった

細野　いよいよ除染事業の一つの区切りになるのは、来年度で先ほどお話にあった中間貯蔵施設への運び込みが全部終わるということです。つまり、生活空間からフレコンバッグが、除染の跡がなくなる。そういう意味では、ものすごく大きな節目だと思うんですよ。

　それで、改めて知事とお話をしたいなと思ったのは、年間追加被曝線量1mSvを除染目標にしたことについてです。あれは相当話したじゃないですか。何度も何度も話をして、やっぱり長期的な目標としては1ミリの目標でやるんだけれど、一方で、それは現実的に可能なのかという問題もありました。あの目標が特に初期には非常に大きな安心をもたらしたプラスの面もあった一方で、弊害もあったのではないかという議論もあるんです。

佐藤　それは政府内で？

細野　政府内というよりは、避難自治体とその住民の方々です。除染が本格化して数年後からですけど、「1mSvまで除染ができていないから、なかなか帰還ができない」という声が一部で出てきた。そこは実際の安全の基準と、より安心を届けるための除染の基準は全然違うのだけれど、誤解も広がってしまいました。

1ミリというところに知事がこだわった想いはどの辺りにあったのか、お聞かせいただけますでしょうか。

佐藤　やっぱり1ミリというのは、まず子供たちの校庭でした。最初は5ミリか6ミリで検討されていたんだけれど、さっきも言ったように小佐古さんの涙の会見もあって、そこからものすごい勢いで子供を抱えた県民を中心に1ミリの要望が強くあがってきたんです。それで文科省と環境省で通学路と校庭、校舎を1ミリと決めた。

細野　正直言って「1ミリとは何ぞや」という定義からして難しかったんですね。どういう前提でこれを決めるか自体が非常に難しかった。当時、政府内でも七転八倒していたんです。一方で、すでに福島では子供たちの避難が相次いでいた状況で、もちろん自主避難そのものを否定はしないけれど、ちゃんと残れる状況を作るのは政府の責任です。最後は知事の想いを受け止めて1mSvを長期目標としたんですよね。

佐藤　あの時は本当に悪いけど、県民の安全と安心をとにかく全力で護るためなら、これは本当に無理だなと思うことまで含めて全部言わせていただいた。今まさに非常事態に苦しんでいる県民の不安や障害、強く要望されたことを、きっちりと政府に伝える責務が県にはある。あとになってからなら何とでも言えるかもしれないが、当時は違う。それが必要とされるような世論であり、状況だった。県がそういう姿勢を尽くすことが、当時の多くの県民の安心にもつながったんです。

細野　やっぱり子供の存在は大きかったですか。

佐藤　大きい。なんていったって子供らが大事だから。

細野　のちに除染にも優先順位をつけることにしました。それについては福島県も了解していただきましたよね。いきなり全部は1ミリにはならないので、まずは子供が生活する空間、通学路を最優先に考えました。それから住宅を除染。そして申し訳ないけれど、森林は後々にしましょうという順番で始まったんですよね。やっぱり子供のことも含めて、県民の命や未来を背負っているという想いですか。

佐藤　そう。だから「子供を最優先に」と県議会で話したのを覚えてくれている県民は結構います。あの時の判断は今も「一番良かったね」と言ってもらえる。原発の功罪はいろいろあるけれど、そうやって大人たちが全力で庇（かば）った子供たちも、原発事故前に比べて随分顔つきが変わった。それまでは「将来何になるの」と聞いても、どこか現実味がなかったり、自分のことしか考えていないような夢が結構多かったんです。でも、原発震災後の子供たちは、「人の役に立つ」「世の中の力になる」といった声が圧倒的に多くなってきました。そういう子供たちがちょうど今、25、26歳くらいになった。

細野　そういう若者が、そろそろ社会に出てきます。象徴的なのはふたば未来学園なんですけれど、あの学校に最初に入った高校生が大学にそのまま入っていれば、今、3年生でそろそろ就職なんですよね。彼らは相当の経験をしていますし、想いも志も強い。そういう人材が大学での学びを終えて福島に帰ってきたり、もしくは外側からでもいいから福島を支援し貢献してくれたりすることは、すごく大きな力になると思います。

佐藤　未来学園の生徒は、みんないろいろな意味で本当に優秀ですね。地域課題や演劇、スポーツをはじめ、いろんな分野にそれぞれに道を見つけて頑張っている。総合的に本当に優秀な生徒ばかりになっている。

イノベーションコースト構想と廃炉

細野　私が将来、ものすごく期待をしているのは、知事がお作りになったいわゆるイノベーションコースト構想なんですけれど、浜通りを中心に最先端の研究をやっていこうということですよね。原発という産業は、事故さえなければ確かに大きな経済的メリットはあったんだけれど、どうしても中央依存的でした。

でもイノベーションコースト構想によって、ここで若手の研究者が生まれ、最先端の研究や開発が生まれ、そして世界に羽ばたいていく。福島発の産業になる可能性があるわけですよね。知事がこの構想に関して期待をしておられたのはどういうことだったのですか。

佐藤　原発の廃炉作業では、人の入れないところがいろいろと出てくる。だからイノベーションコースト構想はそれをどうにかするためのロボット構想も兼ねていて、ロボット開発ではもう、国内屈指の先進地になっています。例えば、今はロボットが介護や病院でも必要になってきているし、そうした技術が廃炉だけでなく他の産業の役にも立ち始めている。だから、双葉郡や浜通りがイノベーションコースト構想で最高位の科学技術を駆使しながら安全安心に廃炉を進めていくことが、結果として県全体で多岐にわたった産業につながり始めていて非常にプラスになっている。医療にも貢献してもらっています。

細野　ロボットとか自動化の技術は廃炉だけじゃなくて、介護も含めた生活面にも波及していきますからそういう期待は確かにありますね。もう一つ、私がこれからの要素として期待しているのは、中間貯蔵施設なんです。あそこにも多くの課題があって、それを乗り越えていかなければならない。ただ、先日も見に行ってきたんですけれど、放射線リスクの安全性も含めて非常に安定した場所になっている。あれだけの場所が将来的に見ても安定的に管理をされているのに、周りには人がいない状況が続いている。これは残念なことなんだけれど、逆に言えば、人がいないということは騒音の問題が起こらないとも言えるわけですね。

これまでは中間貯蔵施設は、率直に言うと迷惑施設と見られていたのだけれど、実は様々な利用価値があるかもしれない。いろいろな構想に生かし得ると思うんです。例えば、航空宇宙産業みたいな新しいことができないかとおっしゃった方もいました。知事としては将来的にこう利用していきたいというような考えはおありですか。

佐藤　イノベーションコースト構想と両立しながら立ち上げる必要があるのだと思いますね。宇宙産業の話だと会津大学やいくつかの県内企業には「はやぶさ2」をはじめとして猛烈な貢献をしながら関わってきたところがいくつもあるから、そういうところとイノベーションコースト構想とで連携しながらやっていくと、全体として極めて先進的な産業が福島県に生まれるかもしれない。まして、それが原発事故の被災地からというのは、相当インパクトがあると思う。

細野　浜通りと会津の連携っていいですよね。同じ福島県でも、やや物理的な距離があります。そうした県内の地域同士がうまく連携できるようなところがあればいいと思います。

佐藤　我が県というのは本当に、浜あって中あって会津あって3通りあったんだけれど、原発事故で絆が強くなった。双葉郡の人たちはいわきにも大勢避難していたけれど、遠いほうがいいということで会津に行った人も多かった。福島県と群馬県との県境になるところに檜枝岐(ひのえまた)ってあるんだけど、そこまで避難した人たちもいました。避難から始まった縁が結構、つながっている。今でも盆と正月に会って、本当に親類みたいにつながっていますから。原発事故後、浜中会津の絆が一層強くなった感じがする。

細野　なるほど。大熊町は避難先が会津でした。今は渡辺前町長は大熊町に戻られて、大川原地区にお住まいになっているということでした。

佐藤　あの人は本当に会津人の中に溶け込んでいたし、受け容れた会津も本当にウェルカムだった。

細野　会津は寒かったって言っていました。

佐藤　あの人は本当に素晴らしい人柄で、民主党の渡部恒三（故人）とも一番親しかった。何度も行って雑談していたんじゃないのかな。渡部恒三も政界を引退して時間があったから。

細野　恒三先生がお亡くなりになったっていうのは、一時代が遂に終わってしまったなって感じがしますよね。

佐藤　細野さんのことは、渡部恒三が「いずれ総理大臣になれる」と言っていました。中途半端にじゃなく、ちゃんと見極めて言ってる。頑張ってくださいよ。

細野　恒三先生は、過去に通産大臣もやられていたじゃないですか。そのことで、「だから俺は原発を作ってきた側として責任があるんだ。福島のことを頼む」とすごくおっしゃっていました。

東京から200kmの距離を活かす定住二地域居住

開沼　90年代に福島県は会津大学を作りましたが、ここに至ってやっぱり「人材をちゃんと育てて研究する場がある」ってことは、もう何十年も経ったあとにちゃんと花を咲かせるんだなと改めて思えますね。今、浜通りのイノベーションコースト構想の一環として、国際教育研究拠点という大学院のようなものを設立する計画も出ていますが、そういったものも含めて、これから福島の強みをどう育てていくべきか。人材という意味でもそうだし、風土としても東京から程よい距離にあって、かといって都会でもなく、でも田舎すぎもしない。

知事は原発事故以前であった就任当初から今まで、そして未来に向けて、どういうビジョンをお持ちですか。

佐藤　福島県は東京から200kmだから、要するに北関東であって南東北なんですね。原発事故前から企業立地も盛んだったし、進出した企業の皆さんに聞くと、本当に福島県は、現地の人材がみんな能力が高い上に真面目で勤勉で、あらゆる業務で非常に良く働いてくれるというんですよ。人柄も素晴らしい人が多くて、進出先を福島に決めて本当に良かったと。だからやっぱり、福島県は農工一体の立地の県だと思っています。産業も農業も同時に育てるという、両面両立でスタートしてきた。

原発事故後は「応援」のつもりで初めて口にした福島県産農作物の質の高さに驚いた人が多かったみたいだけど、実は福島ではどの農業生産高よりも、工業の生産高のほうがはるかに高いんですよ。だから、農業と工業の両方が立地できるところだし、新幹線もあるから東京から200㎞という距離は場合によっては通勤できないこともない。

知事になった時には、まず一番最初に定住二地域居住構想を作ったんです。なぜかと言うと、ちょうど私の参議院議員時代の後半だったかな。当時、日本経済新聞に「団塊の世代はどう生きるか」というテーマがかなり真剣な課題として書いてあった。団塊の世代というのはかなり多くて、その世代には就職で上京する前の故郷を持っている人が多い。そういう故郷では、子供の頃におじいちゃんとか、ひいおじいちゃんとも同居したりしていた。だからなのか、たとえ普段は東京で暮らしていても、正月と盆っていうのは田舎の実家に帰ってきて過ごさなきゃいけないという空気があったんですね。

そういう世代がリタイアすると、郷愁感があるから福島に戻ろうかとか、何かのきっかけで福島に縁ができれば第二の故郷にしようみたいな気持ちになってくる。それで私は、定住二地域居住政策をスタートさせました。スタートし3年目くらいだったかな。川内村に定住二地域居住者や希望者が100組くらい集まってくれて。それで、移住者がみんな「知事、ここに決めて良かった、やっぱり福島県は素晴らしい」って。「私たちもまたみんなに声かけて勧誘します」って言ってくれた。葛尾村とか川内村を中心として一年に50組くらいずつ、ずっと継続して福島県に来てくれたんですよ。

私は会津出身だから、本当は会津にも来てもらいたい気持ちもあったんだけど、やっぱり会津は寒いし雪が厳しいと思って、みんな阿武隈高地の里山に行っていた。それを毎年、5、6回はやったのかな。ただ、その後、原発事故で大きな被害を受けたのもその地域の人たちだったから、申し訳ないような感じだけれど。そういう意味では、福島県は原発事故で一度頓挫しかけたものの、新しい時代に向けて都市部の人にとってのもう一つの故郷を目指すのが良いのかなと。

そしてもう一つは、新しいものもいいしイノベーションコースト構想もいいんだけど、やっぱり伝統の文化が大切なんですね。地域社会の中でお祭りをやったりとか、そういうのがだんだん希薄になってきて、そこに今度はまた新型コロナウイルスの影響まで出て、だんだんと人と会うことすらなくなってしまった。このままだと、あまりにもみんなが孤独になってきて、文化もなくなって、つまんない社会になっちゃうんじゃないかなぁと。

そういう意味でもやっぱり地方は、まだ東北なんかは地域の文化が何とか生き残っている。これからやっぱり、精神文化と物質文化の中でも、精神文化の価値が見直されてくると思う。世の中だいたい、食べて生きるためだけなら必要なものはみんなそろっているんだから。

復興という共通課題を力に変える

細野　川内村の遠藤（雄幸）村長とも話したんですけれど、いわゆるシングルマザーとかシングルファザーなどのひとり親世帯を招き入れる政策をやっているんですよね。実績をあげ始めているそうです。

佐藤　川内村は本当に大したもんだ。震災前どころか震災後も若い人が来てるんだからね。村長が素晴らしい方だし、一人ひとりがおもいやりを持っていて、村民全体が家族のようで魅力的かつ理想的な村ですよ。

細野　そうですね。震災前から村を挙げて新参者を大歓迎していましたよね。今のひとり親世帯移住サポート政策では、保育所から働く場所、住む場所まで全部村で用意している。そうすると、東京あたりで親子ギリギリの生活をしながら孤独や貧困でいるよりは、こっちに来たほうがはるかにいいという人が結構いるんですよね。何より、子供が大切にされる村なので、子供にとっても恵まれた環境になる。ですから、原発事故後10年で、そういう二地域居住なり移住なり、かつて知事が震災前から目指してこられたことが取り組みとして再開されていると思います。

佐藤　復興が一段落ついた今後は、特にそうなると思いますね。新型コロナの蔓延などもあって社会情勢がいろいろと面倒な時だけれど、県としては定住二地域居住政策をもっと前面に出しても良いのかなと。

細野　福島に暮らすということについて、団塊の世代や子育て世代だけでなく、若者世代でもまた別の高い意義を感じている印象があります。インタビューなどで福島の若者たちの話を多く聞いていると、「なぜ勉強するのか」という問いに対する意識も非常に高い。東京とか他の地域では、若者が学ぶことの目的や明確な志がなかなか持てない中で、逆に福島はいろいろなことがあっただけに、課題を乗り越えようとするモチベーションが非常に高いのだと思います。

佐藤　「復興」って共通の課題があるだけでも、やっぱり気持ちが違ってくるんだろうね。地震があって、原発事故があった。しかも原発事故なんて史上類を見ない大変な事故だったから、それに対する復興というのは、ものすごく大きな共通の課題だった。みんなそれぞれやり方は違っていても、やっぱり福島の復興を中心に見据えて考えている感じがある。

細野　若者世代というと、県立富岡高校出身で震災も経験している、バドミントン世界ランク1位の桃田賢斗選手にも頑張ってもらいたいですね。彼はとにかく試練が多いですが、ぜひ福島から金メダルを取ってもらいたいなって思います。

県民総生産は全国的にも上位に近い

開沼　10年経って、知事が当初思い描いた10年後の理想と比べて評価はどうでしょうか。福島の今の進捗具合、100点満点で言えるかは分からないですけれど、何点くらいと言えるでしょうか。

佐藤　インフラの復興はもうほとんど100%。だけど課題は精神的なものでしょう。3万人ほどの人が今も故郷に帰れずに避難したままの状況にある。故郷は忘れられないだろうから、そういう意味でも道半ばだと思うし、しかしその根本的な解決策も難しい。元のところに住めれば一番いいけれど、不可能になっている場合もあるから、新しい環境に慣れて前に進んで行くことですね。

開沼　福島民友のインタビューで触れられていた、比較的震災後初期に行われた福島産品についてのいわゆる「安全宣言」の話、その経緯について改めて記事を読んで分かりました。あれを読んで、逆に10年経った今こそ安全宣言が必要なのではないか、トップの強みを生かしてメッセージを発することが大切なのではないかとも思いました。
例えば、今話題にされている原発での処理水の問題、被災地域の復興の問題。これらについて、ズバッとメッセージを出したら、それはやっぱりまだ強い反発がくるわけです。ただ、かつて「安全宣言」を出したあの当時と違い、様々なデータ、科学的な知見も出尽くした今だからこそ、福島についての強いメッセージを改めて出していくのが政治の役割かと思いますが、いかがでしょうか。
佐藤 オリンピックにしても、福島から聖火ランナーはスタートするわけで、安全であることは言うまでもない。仮にメッセージを出すにしても、先ほどお話しした風化と風評のジレンマがあるので、非常に微妙なところはあるんだけれど、双葉郡を中心にまだ避難している方々はいますが、ほとんど元の福島に戻ってるんじゃないのかな。若者はそれ以上に、やっぱりチャレンジャーの気持ちを持っている人たちが出てきているような感じがしますね。スポーツでも何でも、全国に福島の名が轟いて頑張っているのが分かる。
細野 知事は在任中に震災と原発事故を経験され、当事者として福島が大変な状況をいろいろ見てこられました。事故から10年後となる今、復興がここまで進んでいると想像しておられましたか。あるいは、これでは足りない、もっと進んでいると思っていましたか。
佐藤 福島県民の総生産高は、東京電力関係の生産高を除くと、原発事故前のところまで行っている。これも全国から、全世界からのご支援と県民一人ひとりの努力の結果ですね。
細野 意外と知られていないのですが、福島の産業や人口の推移はこの10年、日本全体での人口減なども考慮すれば、相対的にはむしろ良いほうなんですよね。もちろん、地方を中心に日本経済全体が良くないから、右肩上がりにどんどん伸びているというわけではないけれども。過疎化で苦しんでいる他の地域と比べると、正直、福島は地理的にも産業構造的にもポテンシャルが非常に高い。全都道府県と比較しても、県民総生産額はむしろ上位に近いんです。10年間に誰もがイメージしてきたものと全く違う姿が福島にはあると思います。

佐藤　東北6県では、やっぱり総生産高は100万人都市の仙台を抱えた宮城県が1位。次いでかなり迫る数値で我が県だったのかな。要するに震災前と同じになっている。また新しい産業が、浜通りを中心に生まれてきていますからね。

原発事故前から企業立地も毎年だいたい50社くらいずつ立地していた。一番嬉しかったのは、日本電装が栃木と茨城と福島の企業誘致争いで、福島を選んでくれたことです。日本電装が来たおかげで関連する運送会社なども一緒に来てくれた。その後、原発事故が起こってしまって、ある意味ではその人たちには申し訳なかったけれど。逆に、避難所に提供いただいた時はありがたかったね。

危機の時に政治家に求められる素養

細野　10年が経つことで、かつて知事がやっておられたような攻めの戦略が大事になってくると思います。例えば製造業もそうですし、漁業なんかもそうだと思うんですよ。特に福島県が誇る水産物ブランド「常磐もの」というのは、もともと高級料亭で重宝されてきたほどの自力があったから、それをもっと積極的に売っていくという、守りじゃなくて攻めの戦略に打って出る時期がきているのかなと思うんです。

佐藤　福島県は収穫したその日のうちに首都圏に地場物を届けられる立地なので、いろんな農業や水産業の振興をやっている。ただつらいのは、どこもかしこも少子化で跡取りがいないということ。一極集中の是正を国が本気で考えないといけない。

開沼　もともと地方はそういった課題も多く、たくさんの知恵を集めて考えなければならない案件が山積していたわけですよね。そうした中で原発事故が起こった。ただでさえ煩雑だった県政で扱う情報量がさらに何十倍何百倍にもなり、知事が決断を迫られる事項が一気に増えたと思います。そういう中で、普段の体制ではとても対処しきれないケースがあったと思うのですが。

佐藤　あの半年は、対策会議を一日に10回とか15回やっていました。大熊町の町民はどこに避難したんだ、双葉町はどこだった、南相馬はどこ行ったんだって話が飛び交っていて。それから今度は、子供たちが指定された避難先から消えている。それどころか福島市や郡山市からまでも、どんどんいなくなっている。じゃあどこに行っているんだと。

そこから子供たちの避難先を確認して、埼玉の知事にも、新潟の知事にも、山形の知事にも、それぞれに申し訳ないとかそんな電話をしました。そちらに避難していった福島の子供たちを助けてください、どうか温かい対応をお願いしますと頭を下げ続けて。これがだいたい3カ月間くらい続いていました。要するに、県民の避難がどこに何人行っているか、みんな本当に無事なのか安否を確認する。これだけで事故後は精一杯だった。

あの事故の時はちょうどまた、3月でも雪が降ったりして寒かった。県内ではガソリンなどの燃料がみんな枯渇したから、知っている燃料会社の会長に直接電話をして「油を送ってくれ」と頼み込んだ。そうしたら今度は、運ぼうとしても東北自動車道が福島まで進めないんだという話になった。すると今度は新潟のほうからであれば、ずっと迂回して来れるという話も入ってきた。
他にも最初のうちには、「栃木県と茨城県の県境までは行くけれど、そこから先はドライバーを見つけてください。放射能が高いですから福島県には行けません」とか、「郡山までは何とか行くけれども、それを浪江とか相双のほうに持っていくには誰かまた別のドライバーを見つけてください」とか。そういうことの連続だった。
あとは、避難者の生活問題も深刻だった。福島市や郡山市の体育館に避難した人たちが、女性用トイレが足りないとか、お風呂はどうするだとか、すさまじい量の問題が次々に飛んできました。
細野　富岡の遠藤勝也町長と川内の遠藤村長も郡山でしたよね。私はあそこに初めて行った時、遠藤町長からものすごい剣幕で怒られました。
佐藤　立派な町長でしたね。私は郡内のことはほとんど遠藤町長に相談しておりましたよ。
細野　私もその時からずっと、遠藤町長とはお亡くなりになるまで様々な話をしましたし、最終的には叱咤激励されながら息子のように接していただきました。
最後にお伺いしたいんですけど、まさにそういった非常時の渦中で様々な経験をされた知事の経験として、いわゆる危機管理、危機の時において、政治家に求められる最大の素養は何だと思われますか。
佐藤　やっぱり決断力でしょうね。たとえ意見や利害が拮抗して「51対49」だったとしても、その時その瞬間にとって最も必要な判断を、場合によっては断固として下さなければいけない時もある。

細野　しかも先延ばしはできないわけですよね。

佐藤　できない。その場でやらなきゃならない。特に子供たちの未来に関わることならば。あの時の除染だって、即座に決断した。そうした中で、細野大臣には本気で福島県人になって復旧復興の仕事をしていただいた。中央との温度差が大きかった中で、県民は「福島県の大臣」と思うようになりましたよ。全力を尽くしていただきましたね。心から感謝します。渡部恒三は「細野君は素晴らしい政治家だ。総理大臣にしたいな」とよく言っていましたよ。

細野　福島との関わりは、私にとっての宿命です。これからもできる限りの力を尽くしていきます。本日は本当にありがとうございました。

＊＊

本書を編むに当たり、ここまでに取りあげてきた人以外にも、多くの人に話を聞いてきた。重要な知見を持っていても、事情があって名前を出せない人も当然いる。本書の議論の「深さ」はそういった人たちのお力添えがあってこそ成立した。

話を聞いてきた中には、高校生・大学生もいた。現在、双葉郡や福島第一原発への訪問などを通した学習を続ける県立安積(あさか)高校の生徒たち、福島高校在学時に線量測定や甲状腺検査、廃炉や中間貯蔵に関する研究をしていま東北大学に通う学生たちだ。

福島では、３・11後の福島復興の最前線を解き明かし続ける「研究グループ」として高校生が活躍してきた経緯がある。

安積高校の生徒たちからも話を聞いた。彼らは原発への訪問などを通した学習を続けている。

例えば、２０１５年11月、査読付きの英語論文雑誌「Journal of Radiological Protection」にて掲載された論文「Measurement and comparison of individual external doses of high-school students living in Japan, France, Poland and Belarus—the 'D-shuttle' project—」は、福島と国内外の外部被曝線量を実際に測定して比較し、福島の生活空間の線量が他に比べて特異に高いわけではないことを明らかにした。これは、当時、福島県立福島高校に在籍した生徒たちが自ら実験し論文にまとめて投稿したものだった。専門家たちによるレビューを受けたうえで、その内容の科学妥当性、新規性が認められた。

これに留まらず、ここ10年、福島の高校生は、その時々で様々な研究を進め、国際会議等での発表も続けてきた。福島に生活すれば目の前に世界最先端の問題が存在する。そこには文理の壁を超えた難題が詰まっている。もし福島がもっと都会で、大学等高等教育機関、研究機関が多数存在するような場所だったら、研究者がその難題をバッサバッサと解き明かしていってしまい、高校生が手を出す余地はなかったかもしれない。

しかし、そうではない現実の中で、高校生は、プロの研究者を差し置いて、自ら福島復興に問題意識を持ち、調査をし、それを世間に公表する活動を様々に続けてきた。

彼らとの対話の中では鋭い議論が飛び交った。

原発事故時に菅首相が現場を見に行ったことの是非。学校での反強制的になされ続けている甲状腺検査の実態はいかなるものか。あらゆる対策を試行してきても解決してこなかった根深い風評にいまから為すすべはあるのか。

彼らとの議論からは、知ろうとすること、学ぶことが、福島の問題に向き合う上では不可欠であり、同時に、福島の問題が様々な人の知的好奇心を呼び起こす可能性に満ちているということが伝わってきた。

＊＊＊

3・11から10年。かつてそこにあった課題の多くは改善・解決してきた一方、残る課題、新たに生まれてきた課題との戦いが続いている。後者は、10年かけても、カネ・ヒトが投入されても解決してこなかった、よりややこしく解決しがたい問題でもある。

一方、新たな可能性も見えてきている。イノベーションコースト構想をはじめとする、3・11前よりもすごい地域、未来を先取りした社会を実現するための文脈は整えられてきた。3・11がなければ育たなかったような組織・人材も各分野に存在するようになってきた。

ただ、必ずしもそれらが有機的につながり合っているようには見えない。それが現在の問題であり、このままそれが続けば、消化試合のように、政策と予算が切れる瞬間を待つ時間がこれから続く可能性もある。

そうしないための答えは現場にあり、本章で話を聞いてきた人々の言葉の中に存在する。そして、その答えを具体化する力が、未来を変えていくだろう。

（開沼博）

取材構成者手記

林智裕（福島出身・在住ジャーナリスト）

在野の取材者と10年の葛藤

林智裕氏との最初の出会いはネットの文章だった。福島の食べ物や処理水などの風評や誤解に正面から向き合う、彼のビジネス誌の記事は読み応えがあった。ツイッターの発信も鋭く、時に攻撃的ですらあった。やがて彼とはツイッターで相互にコメントし合う仲になった。

林氏に会ってみたいと思ったのは、彼が福島在住だったからだ。福島県内のある小さな駅近くの喫茶店で、林氏は穏やかな表情ながら怒りを滲ませ語り始めた。原発事故後、農家であった御祖父様が「テロリストと同じ」などと名指しされたことに失望し、ほどなく亡くなったこと。被曝に対する認識の違いで家庭が崩壊した親友の存在。そうした犠牲を生んだ最大の原因があの原発事故にあったことは明らかだ。

しかし、事故と同様、もしくは時にそれ以上に、福島の弱きものを傷つけ続けてきたものは何だったのか。我々が行ってきた「説明」はあまりにも無力だった。彼との出会いをきっかけに私は福島の風評と「戦う」ことを決意し、本書の執筆を開始した。

第2章で対談した大川魚店の大川勝正社長は明朗快活な人だったが、魚の返品の記憶を語る時だけはその表情が一変した。「家に持って帰ったら旦那とか息子に『こんなもの、福島だから食えるか、返して来い』と言われたから返金してください」。彼らが福島の魚は食べられないと考えた理由は何か。大川氏や林氏に近い経験をしている福島県民は少なくないはずだ。にもかかわらず、多くの福島県民はその記憶を自らの中に封じ込めて日々の生活をしている。

これからの福島を考えた時に、科学に基づき判断する能力を有し、事実に反する言論には毅然と反論する気概を持つジャーナリストが、福島に存在する意味は大きい。林氏が福島県民を代表しているると言うつもりはない。ただ、福島に住む在野のジャーナリストが10年間の葛藤を経てたどり着いた論考を通じ、「何が福島を苦しめ続けてきたか」を多くの人に知ってもらいたいと切に願う。

（細野豪志）

原発事故での「人災」問題

まもなく、東日本大震災と原発事故から10年を迎えます。

言うまでもなく私は福島の何を代表するものでもありませんが、あの災害を経験した一福島県民として、体験してきたことの一端をここに記しておきたいと思います。おそらく、この時代をリアルタイムで生きた人々の記憶にはある程度散在的に残っていても、記録としては少ないような内容です。

その目的は、「未来への引継ぎ」のようなものでしょうか。願わくば、現状のようなしがらみがなくなった時代の未来の研究者、あるいは政治家の方に研究資料の一つとしてでも使っていただいたり、そのことによって、これからも多くの災害に立ち向かわざるを得ないであろうこの国、この社会に生きる未来の世代に降りかかる不幸を、わずかでも小さくできたならば幸甚であります。

この10年を振り返ると色々なことがありましたが、一言で集約すれば「理不尽」。「『ただ福島に暮らしていた』それだけで、どうしてこんな目に遭わされなければならなかったのか」、に尽きます。

「天災や事故は不幸だが、その理不尽をいつまでも嘆き、恨んでも仕方がなかろう」

それは一理ありますが、しかし、全く本質的な話ではありません。そうした堪え難い理不尽をもたらしてきたのはむしろ、偶発的な天災や事故というよりも、それに便乗してやってきた「人災」によるものが大きかったと言えます。今、この場では、実は天災や事故そのものの話はしていないのです。

この10年間で、東日本大震災という未曽有の天災による被害の記録が多く残されてきた一方で、それに伴って起こってきた人災は、あまりにも記録されてきませんでした。それどころか、多くの被害は被害とすら認識されてこなかったとさえ言えるでしょう。

ここで言う「人災」とは、なにも災害時に対応した民主党政権や東電、あるいは福島県などの自治体を批判するだとか、過去に遡ってこの地域に原子力発電を誘致・推進した人物の責任を追及しようなどという意味では全くありません。原発事故に限らず、大きな災厄に必ずセットでやってくるもう一つの災害、「社会不安」のことです。

特に一般の方々以上に、原発事故から復興の課題を追い続けてきた方に実感を伴って伝わる言い方をすれば、災害本体からの復興が「安全」。社会不安からの回復が「安心」です。「安全」と「安心」は同時に語られやすい言葉ですが、これらは必ず同時に発生しながらも、災害本体と社会不安という、本丸を全く別にした問題にそれぞれ対応した言葉であると言えます。

実際、「安全であっても安心できない」とはこれまで何度聞いたか判らない台詞ですが、これはいわば天災被害への対応に対して、人災被害への対応が足りない状況が続いた結果招いた事態であったとも言えるでしょう。

原発事故は、その災害規模に比例した、極めて大きな社会不安を巻き起こしました。

周知のように、古今東西、歴史を見ても災厄には社会不安、敢えて古い言い回しをすれば「人心の乱れ」が付き物で、災害本体に勝るとも劣らない深刻な被害をもたらしてきました。例えば、関東大震災では「朝鮮人が井戸に毒を入れた」などというデマのために、罪なき多くの被災者が冤罪をかぶせられての私刑によって命を失いました。この事件は義務教育の歴史教科書にも載っており、現代社会でも多くの人が知るところになっています。

ならば同じく大震災と呼ばれ、原発事故までも伴った東日本大震災では社会不安が何を引き起こしたのか。これだけの大災害で、他の歴史的災害で起こったようなことが何もなかったはずがないのです。

しかし、それはどこに詳細に記録され、将来教科書に載せられる目途はいつ立つのでしょうか。

改めてそう考えた時、原発事故での「人災」問題が災害規模に見合わない程に軽視され、具体的な記録も不自然に少ないことに初めて気付く方もいるでしょう。そうした状況となった要因は後で詳しく述べますが、大きくは「政治的イデオロギーあるいは商売上の理由で、本来それらを批判、告発、そして記録していくべき立場にあるメディアやアカデミズム、アート関係者、普段から『弱者の味方』を標榜している団体関係者などの少なくない人たちが、あろうことか人災の加害者側であった」事実は無視できません。

政争の道具にされた原発事故

我が国では、特に唯一の戦争被爆国であるトラウマもあったのか、原子力発電は生まれたその時から単なるインフラ施設に留まらない、極めて政治的な意味をたびたび持たされてきました。

そういう政治的な存在が事故を起こせば、事故もまた、極めて政治的な存在になる。原発事故は当然のように政争化されました。

もちろん、そんな要素とは無関係に、多くの純粋な善意と支援が寄せられたことは周知の通りです。ただし、そうしたポジティブな記録はここで私が改めて書かずとも、この10年間で数多く残されてきたことでしょう。問題は、「そうではなかったケース」についてです。

突然ですが、皆さんは「人殺し」と呼ばれたことがあるでしょうか。私には、あります。

しかし、それは私だけではありません。原発事故後の福島で暮らしてきた人間には、多かれ少なかれ、それに類した言葉を陰に日向にぶつけられてきました。「福島の農家はテロリストと同じ」「地産地消で被曝して死ね」「福島で凄まじい事態が発生！妊婦15人のうち12人が奇形児を出産しています！」「ガンが増える」「被曝の影響は遺伝する」「フクシマの人とは結婚できない」——。具体的に挙げればキリがありませんが、もちろんこれらは全て、事実無根のデマと誹謗中傷です。

しかも、これらの言説を広めてきた人の中には大学教授や文化人などのいわゆる「リベラル」知識人層であったり、反原発や反差別を訴える団体やその支持者たち、ジャーナリストや伝統宗教関係者なども多くみられたのです。こうした問題を一つひとつ具体的に調査・検証していただければ明白ですが、むしろ、「そうした人々こそが加害の中心的役割を果たしていた」とさえ言えます。

まるで学校で生徒の机に仏花を飾るイジメのごとく、生きている福島の子供を死んだことにして行われた葬列デモもありました。そこには、「子供を県外に避難させない親は無理心中に付き合わせるのと同じだ」という、震災直後にしばしば言われたメッセージが強く含まれており、デモ参加者には複数の宗派にわたる伝統宗教関係者の姿までもが見られました。

また、個人的に忘れ難いのは、首都圏の反原発団体が大喜びで歌い踊っていた「原発ガッカリ音頭」です。お祭りの「音頭」のように陽気に仕立てられた歌の歌詞には、「甘い言葉に踊らされ」「札束の山に目がくらみ」「子供の笑顔差し出しちゃった」「大事なふるさとサヨウナラ」「いくら泣いても後の祭り」「ドカンと爆発」のような言葉が並んでいた一方、「福島の原発は東京電力の管轄であり、首都圏の電気を賄っていた、首都圏のために造られたインフラであったこと」「個人的に原発に賛成していようが反対であろうが、日本に関わり生きてきた人は全て何らかの恩恵を受けてきた受益者であった」事実から自分達が無垢無罪であるかのように勝手に除外し、原発事故の責任を被災者と被災地になすりつけ侮辱する意識がはっきりと見て取れるものでした。

葬列デモや原発ガッカリ音頭に、今まさに苦難の最中にあった被災地を助ける意図があったなどとは、私は断じて認めません。

しかし、これらも氷山の一角に過ぎません。社会にこうした言説と空気感が跋扈(ばっこ)していた中、まさに「テロリストと同じ」などと名指しされた福島の農家として長年生きてきた私の祖父は、「もう早く死にたい。殺してくれ」と何度も呟きながらみるみる衰弱し、ほどなく他界しました。しかし当時、放射線に対する知識を充分に持っていなかった私は、祖父に「それは違うよ」と言葉をかけ、安心させてやることができませんでした。私は祖父を、失意と絶望のままに死なせてしまった。

これでは、震災被害者が社会不安に乗じたデマや思い込みで不当に冤罪をかけられ、私刑によって命を落とした関東大震災の時代から何も変わりません。「『ただ福島に暮らしていた』それだけで、どうしてこんな目に遭わされなければならなかったのか」。

風評の拡散で利益を得られる人々

敢えて端的に言いましょう。原発事故という不幸は、一部の人たちにとっては紛れもなく、千載一遇の「好機」でもあったのです。

これは現在の新型コロナウイルス禍にも共通する点がありますが、私が震災直後に無邪気に信じすがっていた、「国難とも呼べる災害や不幸の時には、さすがに普段対立している人たちも一致団結して協力し合うだろう」だとか「いよいよ事故前から原発に批判的であった、あるいは弱者の味方的なポジションを生業にしている人たちの面目躍如の時がきた。必ずや被災地に寄り添い、福島に暮らす私たちの強い味方になってくれるだろう」という幻想は、残念ながらあまりにもナイーブな考えだったと思い知らされた10年間でした。現実は被災地を助けるどころか社会不安をますます煽り、被害に追い打ちをかけてくる人も少なくなかったのです。

その象徴の一つが、特に原発事故後初期に多用されたた、カタカナ表記の「フクシマ」でした。詳しくは先行研究でもある小菅信子教授の『放射能とナショナリズム』という本にも記されておりますが、これは福島が外部から一方的に押し付けられた「被害者としての記号化であり、負の烙印（スティグマ）」でした。

また、それは同時に原発事故前に存在した「原発安全神話」へのアンチテーゼとして生まれた虚構であり、新たな「神話」であったとも言えます。

本来、原発の「安全神話」が崩壊した後に必要であったのは、より現実に向き合ったリスク評価と管理であり、いわば「神話」の時代を終わらせることであったはずでした。

しかし「安全神話」も含めて原発に否定的であった人々の一部は、安全神話と対を成す自分たちのための「神話」を新たに創造することを選んでしまったのです。原発事故後に朝日新聞で新しく連載されたシリーズのタイトルが「プロメテウスの罠」と「核の神話」であったこと、それが業界内で称賛され新聞協会賞などを得たことは、まさに象徴的だったと言えるでしょう。

「フクシマ」神話とは、福島を「自分達の日常とかけ離れた異質な存在」であるかのように規定・錯覚させることで、事故や放射能不安を対岸の火事、他人事として切り離し安心を得ようとする試みであったとともに、福島とそこに暮らす人々が自分達と同じ故国の人間、同じ生活者であることを忘れさせ、より便利に、より冷酷に、より純粋な被害者性を政治的な文脈、あるいは商売や娯楽の上で搾取・消費しやすくする性質のものでした。

東電原発事故では幸い放射線被曝そのもので健康被害は生じなかった一方、別の要因で甚大な被害と犠牲者が生まれました。しかし「フクシマ」神話はそれらを無視し、あくまでもセンセーショナルな放射線被害の発生ばかりを執拗に求め続けました。少し考えれば当然の流れです。前述の通り、「フクシマ」にとっては福島がどうなろうと対岸の火事ですし、むしろ被害が悲惨であればあるほど、よりセンセーショナルであるほど、政治的な、あるいは商売や娯楽上での利用価値が高まるわけですから。

事実、「フクシマ」を他称的用法ではなく、主体的かつ肯定的に用いた当時の言説の多くを検証してみれば、今や明らかなデマと断定できるような荒唐無稽な主張と、それらによる大きな反響と混乱で承認欲求や娯楽欲求を満たした愉快犯、不安煽り商法で大金や地位・実績・信者を得た詐欺師、中には日本という国家や社会・共同体を弱体化させる意図が透けて見える反社会的な攻撃まで数多く見られる一方、被災地が日常を取り戻すための建設的な内容は、極めて少ないことでしょう。

無数にある実例の中から、記録を残す意味を含めて具体例を挙げます。

これは「フクシマ」が明記され用いられたコンテンツの中ではかなり後期にあたりますが、テレビ朝日が２０１７年、かつて広島に原爆が投下された８月６日に放送予定の特別番組に、予告の時点で『ビキニ事件63年目の真実～フクシマの未来予想図』というタイトルを付けていました。これが多くの批判を受けたことで、テレビ朝日は放送前にタイトルを一部改変しています。

この番組の予告では、戦後、米軍による度重なる核実験・水爆実験にさらされたビキニ環礁近傍の住民に関し、

〈(住民は、水爆実験後) 除染が済んだというアメリカの指示に従って帰島。しかし、その後甲状腺がんや乳がんなどを患う島民が相次ぎ、女性は流産や死産が続いたそうです。体に異常のある子供が生まれるということも〉との記述がありました。そこに当初、わざわざ「フクシマの未来予想図」と銘打ったわけです。

タイトルのみならず、実際の番組内容も全編を通じて、「情報工作」「隠蔽」「陰謀」「人体実験」といったおどろおどろしいキーワードが強調され、因果関係が明確ではない事実を羅列しての「こうだと思う」といった推測や証言が続くばかり。科学的根拠の裏取りをした形跡もみられず、レポーターも不安を煽るかのようにむやみに大声を出すなど、感情に訴えかけようとするシーンが目立ちました。

汚染や健康被害の度合いに関する具体的なデータはほぼ提示されず、放射線測定機器も誤った使用方法をしている。しかも、そうやって高い数字が出るよう「工夫」された測定値でさえも、原発事故前からの日本の自然放射線量とほぼ変わらないレベルでした。ところが、それが健康に影響など与えようがない数値だということも番組は一切説明しません。

まして福島では当時、除染の完了による避難指示解除に伴って、「帰（福）島」が進みつつあった時期でした。「フクシマの未来予想図」とまで銘打った以上、この番組を「政府を信じて帰（福）島した

ら、福島県民もこういう運命になる」というのが製作者側のメッセージだと受け取る人が多かったのも当然でしょう。

この件ではテレビ朝日に多数の問い合わせがあったものの、「誤解を招いた」とするばかりで、何が誤解であったかとの質問には今も無視を続けています。「批判を受けてタイトルだけでなく番組内容も改変したのか」についても「お答えできない」で押し通しています。やましいことがなければ説明できるはずですが。本当に、「『ただ福島に暮らしていた』それだけで、どうしてこんな目に遭わされなければならなかったのか」。

メディアが避け続ける福島の事実を伝えること

やがて復興が進み記号化された「フクシマ」という虚構と現実との乖離が大きくなるにつれて、その表記が直接使われる頻度自体は次第に減りました。しかし、それは問題が解決したことを意味したわけではなく、敢えてカタカナ表記を使わずとも、「フクシマ」に便乗した勢力はそれからもたびたび虚構や印象操作を用いて社会不安を煽ろうとし続けたのです。

たとえば「原発事故でガンが増える」「遺伝に影響が出たり、奇形が多発する」との懸念もまことしやかに語られていましたが、そもそもこの懸念自体が原発事故後の比較的早い段階、国連科学委員会（ＵＮＳＣＥＡＲ）による２０１３年の報告書時点ですでに否定され、さらにその後に追加で出された白書で報告書の信頼性がさらに強化されていました。ここでは詳しい説明を避けますが、概略は以下の通りです。

〈引用〉
「ＵＮＳＣＥＡＲ２０１３報告書」の８つのポイントを挙げる。
（１）福島第一原発から大気中に放出された放射性物質の総量は、チェルノブイリ原発事故の約１／10（放射性ヨウ素）および約１／５（放射性セシウム）である。
（２）避難により、住民の被曝線量は約１／10に軽減された。ただし、避難による避難関連死や精神衛生上・社会福祉上マイナスの影響もあった。
（3）公衆（住民）と作業者にこれまで観察されたもっとも重要な健康影響は、精神衛生と社会福祉に関するものと考えられている。したがって、福島第一原発事故の健康影響を総合的に考える際には、精神衛生および社会福祉に関わる情報を得ることが重要である。（注）精神衛生＝人々が精神的に安定した生活を送れるようにし、PTSDやうつなど精神・神経疾患を予防すること。社会福祉＝人々の生活の質、QOLを維持すること
（4）福島県の住民の甲状腺被曝線量は、チェルノブイリ原発事故後の周辺住民よりかなり低い。
（5）福島県の住民（子供）の甲状腺がんが、チェルノブイリ原発事故後に報告されたように大幅に増える可能性を考える必要はない。
（6）福島県の県民健康調査における子供の甲状腺検査について、このような集中的な検診がなければ、通常は発見されなかったであろう甲状腺の異常（甲状腺がんを含む）が多く発見されることが予測される。
（7）不妊や胎児への影響は観測されていない。白血病や乳がん、固形がん（白血病などと違い、かたまりとして発見されるがん）の増加は今後も考えられない。
（8）すべての遺伝的影響は予想されない。
（2018・05・12　UNSCEARの報告はなぜ世界に信頼されるのか――福島第一原発事故に関する報告書をめぐって　明石真言氏インタビュー／服部美咲　https://synodos.jp/fukushima_report/21606）

ところが、あれだけ福島を「心配」していたはずの多くのメディアや言論人が、こうした朗報を積極的に伝えることはほとんどありませんでした。それどころか、その後も例えばテレビ朝日系『報道ステーション』は、まるで「福島で被曝の影響によって甲状腺ガンが多数発生している」かのような、国際的な科学知見に真っ向から対立する報道を数年にわたり執拗に繰り返しました。これに対し、環境省か

ら「最近の甲状腺検査をめぐる報道について」とのタイトルで、異例の注意情報が発信されています。

同様に、原発の処理水についても多くのマスメディアが事実を正しく伝えず、ミスリードを続けてきました。

処理水とは何か、汚染水とは何か、なぜタンクに保管されている初期の処理水が環境処理基準を超えているのかについてもここでは割愛しますが、2018年9月に朝日新聞が報じた記事タイトルには「東電、汚染水処理ずさん　基準値超え、指摘受けるまで未公表」とあり、「汚染水の8割超が基準値を超えていた」「東京五輪に向け問題を矮小化してきた」と、極めて強い論調で批判を展開しています。性質の異なる「汚染水」と「処理水」を混同し、社会に誤解を拡散してきたこのような記事こそが、原発事故後に社会不安を煽ってきた報道姿勢の典型とも言えます。

少なくない報道機関がまるで示し合わせたかのように福島の事実を伝えることを避け続けた事実は、2019年2月に復興庁が「福島の今」を伝える目的で製作したCMが、全国で数多くのテレビ局から放送拒否されたことでもハッキリと示されました。

福島から避難した子供が「放射能」を理由とした偏見や差別を受けた問題がしばしば起こっていた中で、その解消を目指し製作されたこのCMは当初、UNSCEAR報告書にも示された国際的な科学知見にまでようやく踏み込んだものでした。

しかしテレビ局側の考査が「放射線のリスクと影響は今の段階ではまだ完全には分からない」などとしてこれを拒否。CMを全国でいち早く、広く流すという目的を優先した結果、CMは当たり障りの無い「福島の今」を伝えるだけの内容にやむなく改変されました。

ところが、そうした当たり障りのない内容に改変されたCMでさえも、多くのテレビ局が「まだ苦しんでいる人たちがいる中で、その感情に配慮した」「復興は終わっておらず、避難者はまだいる。そうした人たちに配慮した」「被災者の感情に配慮し、慎重になるべきと判断した」などの理由を掲げて放送を拒否。最終的に、放送したテレビ局は全国で3割程度に留まりました。

同じ頃に滋賀県野洲市では、議員からの「人工の放射性物質と自然の放射性物質を同列のように扱い、ありふれたものであり安全であるという印象を操作しようとしていることは明白」などという誤った知識に基づいた言いがかりによって放射線の正しい知識を学ぶための副読本が回収され、子供たちの学びの機会が一方的に奪われるという焚書事件も起こっています。なお、念のため解説すると、人工であろうと自然であろうと放射線リスクは変わりません。飛び降りるのが建物からだろうと木からであろうと、あくまでもリスクは高さ次第であることと同様です。

「放射能の影響は未知」という詭弁

そうしたマスメディアはじめ一部の言論人たちは、福島での放射線リスクが科学的な知見で否定されるたび、すなわち「フクシマ」神話の存続が脅かされるたびに、「科学とは日に日に進化するもので、正解は一つではなく、万能なものではありません。不確実なものであり、最新の研究でも、ひっくり返される恐れのあるものです」などの理屈をつけて、「慎重になるべきだ」などの意見に説得力を持たせようとしてきました。しかし、それは詭弁であり、社会不安とその被害を温存させる口実であったと言えます。

確かに科学とは「実験や観察の結果によって否定される可能性を持つもの」である一方、それらの科学を集合させた「科学的知見」とは長年にわたる数多くの実験や観察、考察に充分に耐えて証明されてきたものになります。現代では天動説が否定されて地動説が自明になったように、そうした積み重ねが人類共通の知識や方針を示す根拠として成り立っています。

そうして積み重ねられた科学的知見を否定するためには、同様に科学的な手段で積み重ねた、それを覆すに足る質と量の根拠が必要です。ところが「まだ分からないことも必ずあるはずだ」を金科玉条のように口実とする方々の「反論」とは、実は全く反論の体を成していない詭弁に過ぎません。

彼らが繰り返してきた「反論」とは、つまり科学の積み重ねという膨大なプロセスと結果を都合よく無視し、薄っぺらい個人のイデオロギーや独善的な思い込み、「神話」気取りのオカルトを拠り所に科学的事実の受け容れを一方的に拒否してきただけであり、「意地でも負けを認めなければ負けではない」と駄々をこねているに過ぎないのです。

仮に「人体にはまだ未知の部分がある」からといって医学も含め人体に関連するあらゆる知見を否定し、素人の思い付きや「まじない」をそれらと等価に扱うことが社会にどのような悪影響を与えるのかを想像すれば、社会が詭弁に惑わされて、いかに恐ろしいことがまかり通って来たのかご理解いただけるでしょう。

「これから必ず恐ろしいことが起こる」
「ガンにかかって早死にする」
「子孫代々に奇形が多発する」

改めて、ここに福島の人間が散々ぶつけられ続けてきた言葉の一部を並べてみました。これらが「呪い」でなくて、一体何だと言うのでしょうか。すでにこれを否定する科学的な知見があるにもかかわらず、これからも「まだ影響は分からない」などと被災者に呪いをかけ続けるのでしょうか。「心配」を装ったこれらは当事者から被害者性を搾取・利用し続けるためのエゴと口実に過ぎず、断じて他者への慈愛などではありません。

ここで、根本的に考えなければならないことがあります。そうした科学の素人達による独善と呪いが、なぜプロフェッショナル集団が積み重ねてきた知見と「両論併記」されて対等に扱われるに留まらず、まるで拝聴されるべき「真実」であるかのように社会に喧伝され続けてしまったのか。

そして加害者になってしまった側の中心に、本来は「弱者の味方」を標榜していたはずのいわゆる「リベラル」主流と言える言論人や政治家、知識人、アート関係者、そしてジャーナリストが特に多く含まれてしまったのか。この現象の原因に踏み込むため、ここから少し、私自身が経験してきたことからの主観と推論を敢えて交えながらの考察を記します。

リベラルとジャーナリズムの「バグ」

ここではリベラリズムやジャーナリズムの理想や功績を全て否定しようという意図はありません。しかし「リベラル」「ジャーナリズム」が中心的役割を果たして社会不安の被害が増加・温存されるという現象が実際に起こった以上、それらが内部に抱えてきた「バグ」や「エラー」とでも呼ぶべき原因を分析・改善し、再発を防止していく必要があるでしょう。

まずは、この災害で彼らが陥ってしまった過ち、エラーの傾向を大きく3つ挙げてみます。

①人の思惑が及ばない自然科学的事実を軽視し、自分達が信じたい「真実」を上位に据える自由を行使した（≒議論や対応の前提となる客観的事実や情報が正しく共有できない）
②国民の安全と健全な民主主義を護る手段としての「権力の監視」自体が目的化し、逆に害を及ぼした（≒復興も含めた様々な政策への執拗な妨害と国益の損失）
③自らも別の巨大権力であるという自覚無きまま暴走し、恣意的に弱者を選別したり弾圧したりした（≒権力に抵抗しているつもりで被災地・被災者の利益や人権を攻撃）

まず①について、一般的にリベラリズムは個人の考えの自由や権利の拡大を重んじます。それ自体は素晴らしいことですが、一方で、意識的に自戒しなければその恩恵を「リベラル」の仲間内だけで独占しようとして「多様性」と真逆の言動に至ったり、本来人の思惑が及ばない自然科学にさえも、人間の都合である「自由と権利」が干渉する余地を求めてしまいがちです。

放射線リスクの問題に限らず、特に最近はコミュニティ内で高い地位や影響力を持っている人々やその支持者の間に、都市での便利で裕福な消費者意識（お客様根性）に染まり、「代わりの選択肢やサービスは他にいくらでもあると信じ、自分がいつでも『選択できる側』『評価を与える側』『配慮やサービスされる側』として快適に自由を行使できる権利を得ることが『リベラル』である」と履き違えて、思い通りにならないストレス、場合によっては単なる個人的嫌悪、好みでない他者の言動や存在に対する不快感さえも「反リベラル的な抑圧」と見做し、それを攻撃し排除することを「正しさ」、ひいては「リベラルを護る」と捉えているかのようなケースが数多く見受けられます。

そうした傾向の延長として、単なる客観的事実や当事者からの訴えでさえも「何が真実か、好み選ぶ権利はこちらにある」と構えてしまった人は少なくなかったのではないでしょうか。また、アート関係者の一部では職業柄、「常識や既成概念に囚われない独自の感性を大切にするあまり、それを過信し過ぎた」要因も考えられます。

次に②として。ジャーナリズムをはじめとした「リベラル」的な業界内で特に共有されてきた「反権力的態度や視点こそが善」とされがちな価値観、ムーブメントによって、「国家権力」から示された情報は条件反射的に徹底的に疑い、否定し、反対するべきだとの同調圧力が「先進的リベラル人」としての「作法」「社会正義」「教義教養」とされがちである点も挙げられます。過激で原理主義的な「反○×運動」が彼らの間から次々と生まれるのも、この文化のためと言えるでしょう。

ですから、例えば一部でよく見かける被曝影響に極端な主張をする人が一転して「反ワクチン」には親和性を示し伝染病の健康リスクを軽視したり、法律で禁止されている大麻など別の健康リスクには寛容であるような一見矛盾した傾向なども、①と②を合わせた結果として「何が真実かは自分の好みで選べる」「政府権力が推奨するものは悪、逆に禁止するものは善」という、「拗(こじ)らせた消費者意識と反権力主義」が彼らの価値基準であるとして見れば一貫しています。

それらを踏まえた上で、「原子力発電所」という存在の事故を改めて考えてみましょう。

最初にお話ししたように、彼らにとって原発は単なるインフラ施設に留まらない政治的な存在であり、そのような存在が事故を起こした挙句に政府が安全だと主張したところで、その正誤にかかわらず彼らのアイデンティティや教義教養上、決して受け容れようがないのです。

もちろん、そうした空気に逆らってでも科学的根拠や事実をきちんと伝え、根拠なきデマに反論しようとした誠実な学者や科学者もいました。しかし、そういう方々は「御用学者」などとの言いがかりをつけられ、激しい私刑と暴力、嫌がらせに曝されたのです。ネット上には「御用学者Ｗｉｋｉ」などという吊るし上げのためのリストまで作成された有り様でした。

そしてこれも深刻な「エラー」と言えるものが、③について。「反権力」のムーブメントは同業者内の「異端」のみならず、本来同じ立場であるはずの被災者をも選り好みしました。それはまるで、自分達の教義に帰依（きえ）する「救うべき弱者」と、そうではない「救いようのない悪・異教徒」であるかのように選び、仕分けをしたのです。

「弱者」とされた人は彼らが創造した「フクシマ」神話のストーリーに適合する被災者が多く、それ以外は無視されがちでした。世界的な人権団体や国連人権理事会、バチカンのフランシスコ教皇ですらも、「フクシマから避難する権利」の訴えにばかり耳を傾けた一方で、その訴えこそが誤解を広め、福島に暮らす人々の人権を侵害してきたことに対しあまりにも無頓着でした。

そのように190万人近くもいる福島県在住者が話す事実よりも自主避難者が語る虚構や感情論ばかりが「被災者の声」として尊重されがちであった理由も、原発処理水の敷地内継続保管に反対している大熊町・双葉町といった立地自治体の声を無視する一方で海洋放出反対の声ばかりが「当事者」として取り上げられてきた理由も、ここにあると言えるでしょう。

挙句、放射線リスクを正しく理解して彼らの「フクシマ」神話に反論するような被災者にいたっては、

「東電や国の手先」のように叩き、憎しみをぶつけ攻撃しました。

私自身も、雑誌に「科学的な事実と福島の今」を書いた原稿を寄稿したところ、「一読信頼に足るものではない」「意図していることの罪悪性」などと激しい侮辱と糾弾を受けています。思えば本当に、数えきれないほどの嘘、暴言、侮辱、恫喝、嫌がらせをぶつけられ続けた10年間でしたが、これではやはり、地動説を異端審問で裁いた時代や関東大震災で被災者に冤罪をかぶせ私刑で殺した時代から何も変わっていない。彼らは「権力に抗っている」つもりの自分達が一体何と戦い、何を踏みにじってきたのか本当に理解しているのでしょうか。

こうした「リベラル」一部からの福島に対する眼差しには「神の火である原子力を弄びその怒りに触れた、愚かで哀れなフクシマ」という蔑視と同時に、自分達がそうした「愚かで哀れな」被災者を教化し導く支配者として君臨しようとするかのような視線、いわばエドワード・サイードが批判的に提唱した「オリエンタリズム」の概念に近い構図があったと言えるでしょう。

そもそも「反権力」を掲げる人々も実は、無関係の人にとっては別の大きな権力に過ぎません。何より、被災地にとって「反権力」を掲げる側が自分達を助けるどころか復興の妨害をしてきたのでは既存権力以上に警戒しなければならない相手になるのは当然です。

ましてマスメディアは昨今、司法・立法・行政に次ぐ「第4の権力」とも言われるほど社会に大きな影響を与える反面、民主主義的な選挙で選ばれたわけでもなく、弾劾もなく、結果責任も取りません。しかも、放射線問題、医療、政治、外交や防衛、防災、経済、福祉、国家の長期戦略、いずれに対しても専門性は必ずしも担保できておらず、場合によっては声が大きいだけの素人が世論を主導し国家の舵取りを奪おうとしているに過ぎないケースもあるのです。これでは「民主主義を護る」と息巻いている大手マスメディアこそが、実は「最も非民主主義的な巨大権力」であるとさえ言えるでしょう。

こうした弊害はワイドショーなどで震災瓦礫広域処理に言いがかりを付けて世論の反対を主導した他、HPVワクチンに対する不当な不安煽動、豊洲市場移転問題の泥沼化や新型コロナウイルス禍でも猛威を振るい続けています。それによって莫大な経済的損失や人々の健康に関する実害も数多く発生しています。かつて武器を売る人々が「死の商人」と呼ばれたことを思えば、社会不安とその被害を拡散してきた彼らは、さしずめ「不安の商人」と化してしまったのではないでしょうか。

近年、フランスの経済学者トマ・ピケティが創った「バラモン左翼」という造語が話題になり、アメリカでも「リベラル」内部から分離しその問題点を告発したWalkAway運動が起こるなど、「リベラル」が抱えてきた問題点、いわば「バグ」や「エラー」への指摘・批判は、世界的にも増えています。

原発事故で、自分達の反権力活動のために社会不安を増大し、被災地を呪って復興を妨害し、踏みにじってきた「リベラル」や「ジャーナリズム」。そのアイデンティティや存在意義とは一体何だったのか。これからどうするべきなのか。これは本来、この10年の間に大きな問題として詳細な記録を作成して後世に伝え、議論していかなければならなかったはずの課題です。

呪いを解き、社会不安を鎮めていくために

これまでお伝えしてきたように、原発事故は多くの理不尽と社会不安を生み出しました。この10年間で災害本体が起こした被害からの回復は大幅に進んだ一方、一人ひとりが受けた心の傷は大きく、それらのケアを充分受けられなかった方も多数残されています。

では、そうした傷を癒し、社会不安を鎮めて「災害を終わらせる」ためにどうすれば良いかを考えた時、古来は宗教やその儀式が担ってきたであろうその役割を果たせるものが現代社会にはあまりに少ないことに改めて気付かされます。

災害時に「不安を感じるな」というのは難しい話で、当然それを強制できるはずもありません。一度

大きく広がってしまった社会不安とそれに伴う人々の分断を解決していく手段として、一時期は「科学的な『正しさ』を振り回すよりも、一人ひとりの素朴な不安にも丁寧に寄り添った誠実なコミュニケーションが必要だ」「それぞれの判断を尊重し、否定をせずに共生を目指すべきだ」などの言説が非常に持て囃されました。

ところが、そのような「素朴な不安」をも尊重して包括する「丁寧なコミュニケーション」の強化が訴えられてから久しい今、東京都民に行われた三菱総合研究所の調査では以下のような結果が出ています。

【放射線による福島県民（後年）への健康影響に関する東京都民の意識（2020年7月調査）】

（設問1）現在の放射線被曝で、後年に生じる健康被害（例えば、がんの発症など）が福島の方々にどのくらい起こると思いますか。

・可能性は極めて高い 9・39％（2017年13・7％）
・可能性はやや高い 34・4％（2017年38・3％）
・可能性はやや低い 40・4％（2017年33・1％）
・可能性は極めて低い 15・9％（2017年13・4％）

（設問2）現在の放射線被曝で、次世代以降の人（将来生まれてくる自分の子や孫など）への健康影響が福島県の方々にどのくらい起こると思いますか。

・可能性は極めて高い 7・9％（2017年13・2％）
・可能性はやや高い 33・3％（2017年36・6％）
・可能性はやや低い 41・2％（2017年35・5％）
・可能性は極めて低い 17・6％（2017年14・7％）

当然ながら、福島では東電原発事故由来での被曝で健康被害が出たり、まして次世代に影響が出る可能性はないと科学的な根拠をもって断言できます。

しかし、震災後6年の2017年の調査時点で「可能性が高い」と疑っている東京都民は約半数にのぼり、「可能性は低いけれど、もしかしたら」との疑念が拭えない人も合わせれば8割以上。2020年の最新の調査でも、比率は大きく変わらない状況となっています。

これが「素朴な不安」に過度に寄り添い、「まだ影響は分からない」として両論併記を続けてきた、あるいは官公庁が「正しい情報を発信していく。ただし個別の流言飛語にはいちいち対応しない」を続けてきた「成果」であり、残念ながら根本での不安解消は全く進んでいないと言えるでしょう。

こうした問題に対しては、「問題を掘り起こすことがかえって偏見を生んで解決を遠ざけるから『寝た子を起こすな』」という指摘がしばしば言われます。しかし、このような調査結果が現実に出ている以上、これまでの対応を改める必要があるのではないでしょうか。

もちろん、食品などについては事故から10年経った今、クレームを付けているのは「どちらにせよ買わない」一部の人たちがメインであり、彼らはそもそも福島にとっての消費者ではありません。これに対応しても成果を得るどころか、逆に風評を再燃させたり一般の消費者が離れてしまうことは充分あり得るでしょう。

一方で、こうした偏見を放置することは人権問題にも直結します。

「寝た子を起こすな」論は、少なくとも別の人権問題ではすでに実効性が疑問視されている上、公害病の先例でも知られるように、被災地への誤解や偏見が定着し、それが病気や遺伝に関わる内容なら尚更、差別などにも直結します。

普段は他人事であるからこそ鳴りを潜めているだけである以上、問題を掘り起こしてでも「呪いを解く」ようにしなければ、次世代の子供たちにまでも悪影響を及ぼしかねません。食品関係などの風評とは異なる対策を、戦略的に考えていかなければならないでしょう。

結局、当初理想とされた「丁寧なコミュニケーション」にも少数の成功例はあったものの広く実現されるには至らず、災害規模に見合った人材やリソース確保の目途も立たないまま、絵に描いた餅に終わりました。その結果、社会不安や偏見の長期温存と被害拡大につながってしまったと言えます。

やはり、莫大な量の社会不安に対応するためには、様々な事情を抱えた一人ひとりの「不安そのもの」に丁寧に寄り添うことばかりではなく、正しい情報の発信と並行しながら「もはや議論の余地がほぼない事実」については決して譲歩せず、ぶれない姿勢を強く示し続けることによって、一人ひとりの「不安からの解放と自立」を手助けしていくことが必要だったと言えます。

「素朴な不安」への過度な寄り添いが、福島の震災関連死を他の被災地と比べ突出して増やした現実も無視されるべきではありません。犠牲を減らすためにこそ、おおむね決着がついた議論については毅然として議論を適切に終わらせなければならず、それが「災害を終わらせる」ということにもつながっていくのではないでしょうか。この経験はおそらく、これからも災害で大きな社会不安が起こるたびに必要になってくることでしょう。どうか、未来に生かしていただきたいと願います。

*

長文をここまでお読みくださって、ありがとうございました。

これは、たまたま福島に生まれ、福島に育ち、福島で暮らし、そしてたまたま地震に見舞われた、1人の一般人の記録であります。さまざまなご意見、異論、反論もあることでしょう。もしかすると、また「罪悪性」などと糾弾されるのかも知れません。

ただ冒頭でお話ししたように10年の節目となる今、未来への引継ぎとしてここに記します。たとえ捨石でも構いません。この経験と記録とが、未来の子供たちのより良き未来の一助にでもなれれば、執筆者としてこれ以上の幸せはありません。

参考文献

エドワード・サイード（１９９３）『オリエンタリズム』平凡社

小菅信子（２０１４）『放射能とナショナリズム』彩流社

服部美咲（２０１８）『ＵＮＳＣＥＡＲの報告はなぜ世界に信頼されるのか──福島第一原発事故に関する報告書をめぐって　明石真言氏インタビュー』SYNODOS　https://synodos.jp/fukushima_report/21606

義澤宣明、白井浩介、村上佳菜（２０２０）『震災から10年、福島県の復興や放射線の健康影響に対する認識をより確かにするために重要なこと　第3回調査結果の報告』三菱総合研究所　https://www.mri.co.jp/knowledge/column/20201222.html

第3章

福島のために、わが国が乗り越えるべき6つの課題

（文責：細野豪志）

1. 科学が風評に負けるわけにはいかない。処理水の海洋放出を実行すべき

新たな10年を迎えるにあたって、最初に乗り越えるべき課題は処理水だ。事故当時の責任者であった私には、処理水についての責任の一端がある。事故対応は水との戦いでもあった。原発事故直後、線量の高い水が海に流れ出るのを止めることができず、わが国は世界から厳しい批判に晒された。現在、海洋放出が検討されている処理水は当時とは全く比較にならない、人の健康には影響しないレベルのものだ。処理水は政治が決断を避けてきた問題と言えるだろう。田中俊一氏をはじめ対話した専門家からは海洋放出を決断すべきとの意見が出された一方、福島には風評被害を懸念する声がある。「いちえふ」の現場での水を減らす努力と2020年に台風襲来を免れたことで若干の時間的猶予が生じたが、処理水は2022年中には敷地内で保管できる量を超えるため、海洋放出への準備を開始しなければならない。

福島の県民世論は依然として厳しいが、伊澤史朗双葉町長は「危険なものだから、そこに置いているという新たな風評につながる」、吉田淳大熊町長は「また大地震があった場合、タンクがひっくり返って流れ出す被害も心配。住民帰還の足かせになる」と発言している[i]。「いちえふ」が立地する2つの自治体のトップが処理水の保管継続に反対を表明し、政府に決断を迫っているのは

重たい事実だ。大熊町と双葉町に加え、Jヴィレッジのある楢葉町の議会でも処理方法の早期決定を求める決議が採択されている。

タンクに処理水を保管し続けるという選択肢はあり得ない

2022年に処理水は敷地内保管の限界を迎える。

処理水については、事故直後より様々な処理方法が検討されてきた。トリチウムを除去するには膨大な電力を要し、東京ドーム1杯分程度の容器の水の中からヤクルトの容器半分ぐらいの重さのトリチウムを除去するのは困難だ。

「とりあえず、タンクに保管しておいたほうがいいのではないか」

処理水の話をすると必ずこうした指摘がなされる。しかし、「いちえふ」の現状を確認すると一目瞭然、敷地内がタンクで埋め尽くされていることが分かる。すでにタンクが立ち並ぶ環境は廃炉作業に支障をきたすレベルに達している。加えて、敷地内にはこれから取り出される燃料デブリの置き場所も必要だ。理屈の上ではタンクを置く場所を敷地外に設けることも考えられるが、原発周辺は除染土の中間処理施設となっており現実的ではない。

タンクで保管を続ける弊害も数多くある。第一の問題は、現状の保管を続けると処理しきれていない放射性物質が漏洩するリスクがあることだ。処理水タンクの強度は当初と比較すると改善されたが、一時的な保管とされているため耐震構造にはなっていない。タンク内の水が外部からの振動で揺れるスロッシングによりタンクが破損するリスクは常にある。地震に加えて津波、竜巻、台風などリスクを挙げればきりがない。

第二の問題は、処理水タンクが全て放射性廃棄物となることだ。今後もタンクによる保管を続ければ放射性廃棄物は増え続け、最終的にはそれらをいずれかの方法で処理しなければならない。

第三の問題は、タンクの水漏れや劣化をチェックする作業は大きな危険と負担が伴うことだ。これまでにタンクを作っていて誤って転落し、死亡した作業員がいる。私は現場の作業員から敷地内に処理水を保管し続けることによる負担の大きさを聞いてきた。

「凍土壁の工事では作業員が1人感電で亡くなり、貯水タンクを作っている最中にもタンクから落下して1人亡くなっている。トリチウムの海洋放出を先送りにしたことで2人が殉職している。人命と何千億円というお金が費やされている」

原子力規制委員会の初代委員長だった田中俊一氏の発言だ。リスクとコストを度外視して保管を続けてきたのが処理水問題なのだ。

保管されているタンクの水をそのまま海に出すという悪質なデマ

原発事故を巡っては、これまで様々な風説が流布されてきた。残念ながら処理水も例外ではない。

「現在保管されている処理水には、トリチウム以外の核種も含まれているので海洋放出するのは危険だ」

これまで、こうした指摘を数えきれないくらい受けてきた。放射性物質を含む水を処理してきた多核種除去設備（ＡＬＰＳ）の性能が初期の段階では高くなかったために、現在保管されている処理水には、そのまま海に流せないものが含まれている。それらは放出する前に，トリチウム以外の核種を告示濃度限度（極めて濃度が低く問題のないレベル）まで除去することになっており、二次処理の効果は実証されている[ii]。処理水の問題はデマとの戦いでもあるのだ。

最初に処理水の海洋放出をはっきりと明言した専門家も田中氏だった。２０１３年７月の発言を紹介する。

「きちんと処理して基準値以下になった汚染水を海に排出することは避けられない」

現在、原子力規制委員長を務める更田豊志氏も就任後、田中氏の見解を引き継ぎ、海洋放出するしかないとの見解を繰り返し述べてきた。２０２０年2月に日本を訪れた国際原子力機関（ＩＡＥＡ）のラファエル・マリアーノ・グロッシー事務局長も、同様に海洋放出を評価する発言をしている。

「海への放出は国際的な慣行と一致したやり方だ。非常事態でなくても世界中で厳しい安全基準に基づいて海への放出は日常的に行われている」

経産省は「多核種除去設備等処理水の取扱いに関する小委員会」を設け、長年にわたって議論をしてきた。放出した際の社会的な影響については様々な意見が出ていたが、専門家である委員から科学的な安全性についての異論は出ていない。小委員会は様々な方法を比較検討した上で、海洋放出もしくは大気への放出が現実的であるとする報告書を出した。多くの専門家の見解から明らかなように科学的な結論はすでに出ている。

トリチウムの排出基準を各国はどのように設定してきたか

トリチウムはもともと自然界に存在している物質で、水道水などを通じて体内に摂取され、人体内にも数十Bq（ベクレル）ほどが存在している。トリチウムが出す放射線はベータ線で外部被曝は問題にならない。仮に体内に取り込まれた場合も特定の臓器に蓄積されることはなく外へ排出される。仮に「いちえふ」の全ての処理水を毎年繰り返し環境中に放出したとしても、それによる被曝量の増加は、自然放射線による被曝の1000分の1以下に過ぎない[iii]。

トリチウムはこれまで世界中の原子力関連施設で問題なく環境中に排出されてきたが、危険性を指摘する声はこれまでほとんど聞かれなかった。各国は国際放射線防護委員会（ICRP）の考え方に基づいてトリチウムの排出基準を設けており、現在も海洋放出を行っている。まずは日本と同様に濃度基準を設けている国から見ていく。それぞれ若干数字は異なるが、各国が一定の前提を置いてその濃さの水を毎日一定量飲み続けた場合、被曝線量1mSv/年となるところから逆算している。

日本　60000Bq/L
米国　37000Bq/L
韓国　40000Bq/L

これらの基準は相当に安全サイドに立ったものだ。もちろん実際にはその水を毎日飲むことはあり得ないし、バリウムを飲んで胃のX線検査をすると3mSv被曝するので、1mSvの被曝は健康上の問題は全くない。

英国のように施設ごとに総量基準を設けている国もある。

発電所毎　80~700兆Bq/年
セラフィールド再処理施設　18000兆Bq/年

使用済み燃料の再処理施設は、わが国で利用されている軽水炉原発と比較して多くのトリチウムを排出する。続いて同じく再処理施設のあるフランスだ。

発電所毎　45兆Bq/年
ラ・アーグ再処理施設　18500兆Bq/年

最後にカナダの原発。トリチウムが大量に発生する重水炉は桁が違う。

発電所毎　37000兆~46000000兆Bq/年

（参考）世界の原子力発電所等からのトリチウム年間排出量

・ 海外の原発・再処理施設においても、トリチウムは海洋・気中等に排出される。

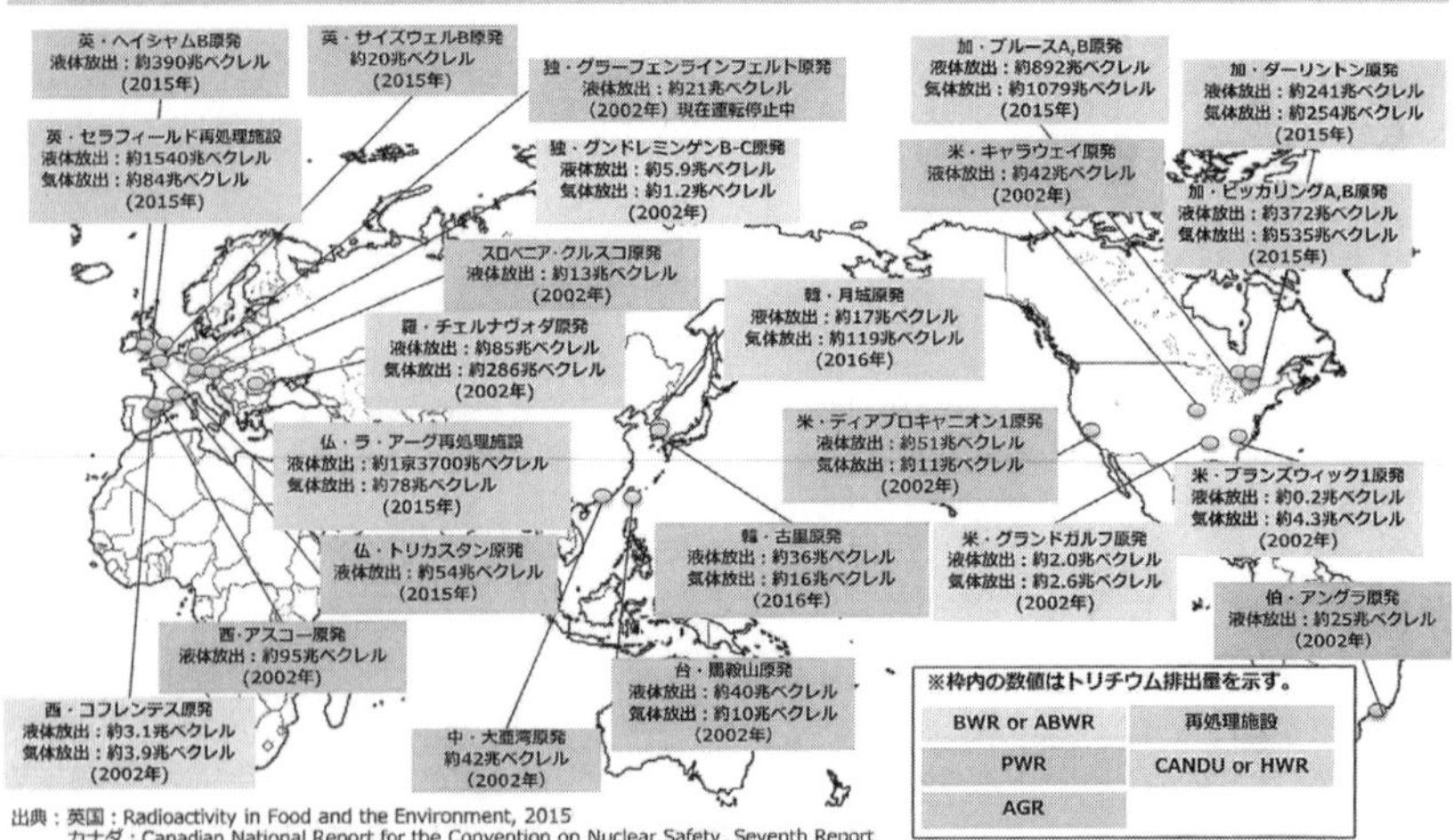

出典：英国：Radioactivity in Food and the Environment, 2015
カナダ：Canadian National Report for the Convention on Nuclear Safety, Seventh Report
フランス：トリチウム白書2016
韓国：2016年度 原発周辺の環境放射能調査と評価報告書，韓国水力・原子力発電会社（KHNP）
その他の国々：UNSCEAR「2008年報告書」

福島の処理水はフランスの再処理施設の年間放出量の14分の１という事実

各国はそれぞれの基準に基づいてトリチウムを環境中に放出してきた。福島の処理水を各国の放出実績と比較してみる。福島のタンクに貯蔵されている処理水のトリチウムの総量は約１０００兆Bqだ。フランスのラ・アーグ再処理施設で１年間に排出されるトリチウムは約１京３７００兆Bqなので、福島のトリチウムはその14分の１程度。言い換えると、フランスは福島のトリチウム総量の10倍以上を毎年のように放出していることになる。

あまり知られていないが、日本国内でも同様のことが行われてきた。２００７年、青森県六ヶ所村の再処理施設からは１３００兆Bqのトリチウムが海洋放出された。福島で貯蓄されている総量を大きく上回る量が、地元の同意を得て1年間で放出されたのだ。有名な大間のマグロはその北側の津軽海峡で取れる。日本人はトリチウム水が放出された海を回遊している大間のマグロを珍重してきたのだ。こうした客観的な事実を踏まえれば、福島の処理水を1年で放出しても科学的には何の問題もない。東京電力から示されたのは、廃炉に要する30年から40年をかけて処理水を海洋放出するという方法だが、私は期間を限定して集中的に放出するのも一案だと考えている。もちろん、海洋放出を行う場合、風評被害を防ぐために徹底したモニタリングと情報公開を継続することが必要不可欠だ。そこは東京電力以上に、政府に大きな責任がある。

ちなみに、韓国国内の月城（ウォルソン）原発は2016年に液体放出すなわち海洋放出で17兆Bq、気体放出で119兆Bqのトリチウムを排出している。東京電力が提案する方法を採用した場合、福島の年間排出量は韓国の原発の排出量を下回るので、もはや韓国から批判を受ける道理はない。

風評被害を生じさせない、福島の魚を食べる

トリチウムは世界中でそれぞれの国の基準に基づいてこれまでも放出されてきたし、今も放出され続けている。私が理解できないのは、処理水の海洋放出に反対している人たちの多くが、福島以外の国内外のトリチウム水の放出について沈黙していることだ。国内外で行われているトリチウムの放出には目をつぶり、福島からの放出は認めない、もしくは福島で放出されたトリチウムに関してのみ汚染を問題にするということであれば、それは取りも直さず福島に対する差別だ。それに加

担するメディアがあるならば、彼らもその例外ではない。

処理水については政府の決断を徹底してサポートしたいと思っている。ただ、一つだけ注文をつけておきたい。福島を除く国内および国外からの処理水放出に反対する声には、毅然と反論するべきだ。風評被害をひたすら問題視するマスコミ報道が見られるが、科学的な評価を伴わなければ風評を拡散するだけだ。処理水の安全性は科学的には決着済みだ。国民の皆さんにも事実を見極める目を持ってもらいたい。


これまで福島の漁業者は、100％明確な偏見やイメージに基づく風評被害の犠牲になってきた。操業できない時期を経てようやく本格操業にたどり着いた漁業者の声は、切実で身につまされる。しかし、処理水の最終的な処理方法が海洋放出しかない以上、先延ばしは解決策にならない。

東京電力は風評被害が発生した場合の賠償を明言している。仮に風評被害が生じた場合の賠償は当然だが、まずは福島の魚介類の付加価値を高めるという攻めの対策を打つべきだ。原発事故前、「常磐もの」は高値で取引されてきた。原発事故以降は漁獲量が絞られたことでヒラメなどの主要魚種のサイズが大きくなり、数自体も増えている。2021年4月の本格操業を前に、再び付加価値の高い漁業ができる素地ができているのだ。「常磐もの」のブランドを高め、流通や小売において大手企業や豊洲などの大手市場や、東南アジアへの輸出も含めた新たな市場を積極的に開拓するべきだ。こうした取り組みは、世界で主流になりつつある資源管理型漁業の流れにも合致する。福島では操業が制限されたことで仲買業者を含め漁業関係者の離職が増えている。新規就業者を呼び込むことで担い手を育成する視点も重要だ。

上記の対策を総動員した上で、風評によって最終的に魚介類の一部が市場に流通しなかった場合には、資源管理を徹底することで価格を維持しながら、水揚げされたものの一部を政府が買い上げることも検討されてよい。政府が買い上げた魚介類は、確実に消費者に届ける必要がある。具体的な取り組みについて、海洋放出を決断した上で早急に関係者と膝詰めの協議を行うべきだ。

3・11のあと、私は地元静岡の支援者と共に毎年（コロナ禍で2020年は断念）福島を訪れ、魚介類を含めた福島の食材の美味しさを実感してきた。福島の漁業の再生はこれからが本番だ。福島の魚を食べることで誰もが福島を応援できる。多くの人に福島の素晴らしさを是非とも知ってもらいたい。

あなたが福島のためにできること

---

①処理水の安全性は科学的に決着済み。決して風評に惑わされない

②福島の魚を美味しく食べる

③「いちえふ」の現状に関心を持ち、現場の原発作業員を応援する

---

2. 中間貯蔵施設には確かな希望がある。独り歩きした除染目標の1mSv

除染と中間貯蔵と格闘していた環境大臣当時、10年後、ほとんどの地域で除染事業が終了し、中間貯蔵施設がフル稼働している姿を想像することは難しかった。ロードマップは作ったものの、実際には全くの手探りのスタートだった。協力してくれた福島の皆さん、そして事業を進めてきた事業者と環境省に敬意を表したい。他方、放射線量が下がり再生利用が可能な除染土まで中間貯蔵施設にたまり続ける状況は想定していなかった。ここに大きな問題が残っている。

これまでの福島の10年は除染の歩みと共にあった。学校や通学路など子供の周辺から始まった除染事業は生活空間に広がり、帰還困難区域以外の除染は2018年3月末にほぼ終了している。除染によって生じた大量の土壌は、当初は一般家庭の庭や地域の空き地に集められ、その後はフレコンバッグに詰められてそれぞれの市町村内の仮置き場で保管されてきた。福島県内の各地に積みあがったフレコンバッグの撤去を求める声は大きく、中間貯蔵施設の目途が立った2015年になって運び出しが始まった。環境大臣当時、私は福島県と双葉郡の町村に中間貯蔵施設の受け入れを要請する立場だった。中間貯蔵施設となった場所には、かつて人々の家があり、先祖伝来の農地があった。土地を提供して下さった方々の苦悩を忘れてはならない。受け入れには「中間貯蔵開始後30

年以内に福島県外での最終処分を完了する」という重たい条件が付けられている。

中間貯蔵施設は、もはや迷惑施設ではない

現在、中間貯蔵施設へのフレコンバッグの運び込みが本格化し、浜通りの常磐自動車道や国道6号には膨大な数のダンプカーが行き交っている。運び込みは2021年度にほぼ終了する。生活空間からフレコンバッグが姿を消すことは、福島の復興の大きな一歩だ。昨年末久々に訪問したところ、中間貯蔵施設の周辺の放射線量はすでに充分に下がり、以前のような放射線管理の必要性もなくなっていた。その姿に「確かな希望」を感じた。当初、中間貯蔵施設については30年後の跡地利用が検討されてきたが、すでに管理が整然と行われている現状を見て、中間貯蔵施設の稼働中も充分に活用できるとの感触を持った。

中間貯蔵施設を運営している環境省は2020年夏、3回にわたって大熊町、双葉町の住民と2町の未来についてのワークショップを行っており、その中には中間貯蔵施設を活用することで実現可能なアイデアが数多く含まれている。中間貯蔵施設が立地している大熊町は「2050ゼロカーボン宣言」をしており、再生可能エネルギーは活用方法の柱になり得る。個人的には、バイオ燃料の原料となるジャイアント・ミスカンサスを植えるのも一案だと思う。ジャイアント・ミスカンサスは成長が早く、田村市や飯舘村などに設置が進んでいるバイオ発電所などでも原料として活用できる。25年という期間を考えると、漆や麻などの工芸作物の栽培も考えられるだろう。福島県の浜

宇宙航空産業の拠点としても。写真は宇宙用作業ロボット。GITAI提供。

通りに住む芸術家が、中間貯蔵施設で栽培された工芸作物を使った作品を世に出せば素晴らしいことだ。中間貯蔵施設の工程表には施設の活用についての具体的な項目がない。環境省は早期に地元住民と中間貯蔵施設の活用について対話を開始してほしい。

　中間貯蔵施設は、遅くとも2045年にはその役割を終える。その跡地は整然と管理され、周辺住民が存在しないため、騒音の心配がない広大なエリアとなる。国内にそうした場所はほとんど存在しておらず、利用価値が極めて高い。

跡地の利用については、協定で環境省と福島県、大熊町、双葉町の間で協議されることになっている。先に述べた通り、中間貯蔵施設のあった場所には人家があり農地があり墓地があり、人の暮らしがあった。それを提供してくださった住民の方々の苦渋の決断を引き受け、そうした方々の思いが生かされ、人類の未来を切り拓くような活用法を考えることは政治の責務だ。

　地元の企業の中でイノベーションコースト構想に参加している株式会社ふたばの遠藤秀文代表取締役社長からは、航空宇宙産業の施設を望む発言があった。福島の未来を担う大学生・高校生からは、ロボット関連施設、廃炉研究施設、自動車の未来都市、自然エネルギー産業などを望む声が聞かれた。個人的な活用例を挙げるならば、2024年から始まる月開発での活用が想定される重機の自動施工や、アバターによる遠隔操縦や月面リニアカタパルトの試験場、再生可能エネルギーの限界をブレイクスルーする可能性がある宇宙太陽光発電関連の施設、火星での利用が想定される宇宙エレベータの試験、早期の実現可能性を考えるとリニアリコライダー（素粒子衝突実験装置）関連施設などが考えられる。想像するだけでも心が躍る。これらはもはや夢物語ではなく、実用を視野に入れたもので、エネルギーや科学技術においてわが国の国益にも直結するプロジェクトだ。早期に具体的なプロジェクトの議論に入るべきだ。

除染基準を巡る葛藤と大規模除染

残された課題を考えるために、除染事業のスタートを振り返ってみたい。2011年9月、私は原発事故収束担当大臣に加えて環境大臣を兼務するようになった。環境大臣としての最大のミッションは、福島県内の放射性物質を取り除く除染の実行だった。当初は除染事業の担当省庁すら決まっていなかったが、当時の南川秀樹次官の決断で環境省が受けることが決まっていた。

他方、原発事故から時間が経過した中で、世間では居住範囲を巡る議論が再燃していた。週末のたびに福島県を訪れていた私には、「子供たちを福島に生活させていいのか」というお母さんたちの涙ながらの訴えが寄せられていた。当時、私の娘は小学校6年生だった。福島のことを判断する際、娘がそこにいたらどう考えるかを自らの基準にしていた。自分が受け入れられないことを福島の人たちに受け入れてもらうことはできない。

年間追加被曝線量20mSv以下なら科学的には健康の問題は全くないが、福島の皆さんの懸念は理解できる。このままの状況を放置すると自主避難者が増え、福島県の人口が激減してしまうという危機感を持った。東北地方にはJR常磐線、東北新幹線などの縦のラインが走っている。ブラックホールのような人が住まない地域により、細長い日本列島が寸断されてしまう事態は避けなければならない。

「自主避難の支援を拡大するか、徹底的に除染するか」

我々が選んだのは徹底的な除染という選択だった。福島復興の最優先課題として官邸の全面協力の確約も得た。しかし、いざ除染事業をスタートするとなると国の体制は全く整っていないことに気づかされた。最初に環境省の担当者が私のところに持ってきた除染の予算案は、10億単位のものだった。公共事業の事業官庁である国交省や農水省と異なり、環境省の予算規模は小さい。私は環境省の官僚を鼓舞した。

「除染は国家を挙げてやるんだ。ゼロが2つ、いや3つ少ない。福島県を必ず再生するんだ。環境省は変わらなきゃいかん」

暗中模索の中で、除染はまず補正予算のパイロット事業としてスタートとなった。ところが、除染のやり方が確立していなかったため事業の受け手が出てこない。当初は福島の業者に受けてもらいたいと考えたが、除染事業の規模を考えると全体のマネジメントは地元業者では難しかった。やはり大手ゼネコンに頼るしかない。規制官庁である環境省は業者とのつながりが薄い。私は環境大臣室に大手ゼネコンの経営陣を集めた。大手ゼネコン幹部が環境大臣室に一堂に会するというのは前代未聞のことだった。

「これから除染には予算をつける。最終的には兆単位になる。今、わが国でそれができるのは皆さんしかいない。力を貸してほしい」

事業規模を聞いて彼らのやる気にスイッチが入った。その後、除染と中間貯蔵の作業には大手ゼネコンが大活躍することになる。

大臣として最大のミッションは除染の実行だった。

国として除染を行う体制が整いつつあったが、除染の基準を巡って壁にぶつかることになった。私は手探りで始める除染で数値目標をいきなり明示することは難しいと感じていたが、福島県は年間の追加放射線量1mSvを目標とすることを強く求めてきた。実は、年間1mSvという基準自体が極めてあいまいな根拠に基づいたものだった。政府は毎時0・23μSv（マイクロシーベルト）の空間で生活すると年間追加放射線量が1mSvになると換算していたが、これは一日のうち屋外で8時間過ごすという安全サイドに立った仮定に基づいたもので、実際に受ける放射線量ははるかに少ないものになる。しかし、一度決められた基準を変更するのは極めて難しかった。政府内で地域の放射線量のシミュレーションも行ったが、除染と自然減衰でどこまで下がるかを正確に見極めることも困難だった。

環境大臣であった私にはもう一つ考えなければならないことがあった。環境政策の「汚染者負担原則」だ。福島を訪れた際、ある人からこう指摘された。

「市の除染作業が進まないので、庭の土を自分で剝いだ。早く持って行ってもらいたい。原発事故で生じた放射性物質を東電と国が持っていくのは当然のことだ」

放射性物質は福島の人からすれば汚染物だ。その原因を作ったのは原発事故を起こした東電と政府だ。汚染者負担原則に則れば、東電と政府の負担で除去すべきであるというのはまさに正論だった。国会の議論でも当時の与野党から除染の目標を1mSvにすべきとの声が上がった。福島県との水面下の交渉は様々なレベルで繰り返し行われたが、接点は容易には見出せなかった。

私が懸念したのは、1mSvを除染の目標とすることで、健康の基準や帰還の基準と混同されることだった。その懸念を伝えても、福島県は譲らなかった。佐藤雄平前知事は私との対談の中で「当時、7000人の子供たちが避難した」ことを指摘し、「子供たちのために1mSvを目標にする必要があった」と語っている。除染に希望を託す福島の立場は痛いほど分かった。このままでは除染作業の開始が遅れてしまう。我々は見切り発車する形で「総合的・長期的な目標」という留保を付けて1mSvという目標を受け入れることにした。

2011年10月2日、私は福島県庁で佐藤雄平知事と会議し、1mSvを目標とすることを伝えた。その後、繰り返し健康の基準や帰還の基準とは明確に異なることを説明したが、どの程度それが伝わったか。次の日の新聞の見出しには1mSvという数字が躍った。これが除染という新たな巨大国家事業のスタートだった。除染事業にはこれまで総額3兆円以上が投じられている。巨額が投じられた除染事業にはプラス・マイナス両面があった。

大規模な除染がもたらした弊害

社会的不安が増大した時に、安全と安心をどう確保するかは常に悩ましい問題だ。福島県内の安全という観点からすると大規模な除染は必ずしも必要ではなかったが、除染作業が多くの福島県民に安心をもたらした面があった。日本人の「穢(けが)れを払う」という心理も大きかったと思う。除染が進まなければ、福島からの自主的避難者がさらに増えた可能性もある。

事故から10年を経て、当時の責任者として率直に告白しなければならないのは、大規模除染の弊害だ。除染は大量の除染土を生み出す結果となっただけではなく、今振り返ると帰還の遅れを招いた面があった。時間が経過するにしたがって、多くの住民の中では1mSvへのこだわりは小さくなっていったが、一部で「除染が進んでいないのに帰還できない」という声が残った。本来は除染の基準と帰還の基準は異なるのだから、除染作業をやりながら帰還を進めるべきなのだが、現実問題としてそれは難しかった。開沼博氏が副委員長を務めた楢葉町の放射線健康管理委員会でも、2015年9月の避難指示解除の前後に1mSvと住民の安全・安心とを関連付ける議論が何度も行われている。

居住制限の解除が最も早かった田村市、いち早く帰村を宣言した川内村ではすでに8割以上の住民が戻っている。他方、時間の経過と共に避難先で生活の基盤が確立した住民は、帰還可能となっても故郷にはなかなか帰ってこない。避難を強いられた市町村の現状を見ても、帰還の遅れが復興の遅れに直結していることは明らかだ。

「あの時、1mSvという除染の目標を明記しない方法はなかったか」

これまで何度も自問自答してきた。目標を明示しなければ福島との合意はできず、除染事業の開始は遅れることになった。仮に環境大臣として目標の明示に反対していたら、福島の皆さんから極めて厳しい批判を受けていたことも間違いない。

原発事故後、私はいくつかの政治決断に関わってきた。岩手県、宮城県の瓦礫の広域処理では環境省の職員と全国キャンペーンを行い、激しい反対運動を押し切る形で広域処理を断行した。2012年の夏、関西では全ての原発が止まる一方で火力発電を稼働する準備は整っていなかった。ブラックアウトが発生すると、医療機関などで命に関わる事態が発生するリスクがあった。当時、動かせるのは関西電力の大飯原発だった。大飯原発

■避難指示解除後の市町村の状況

	避難指示解除日	居住人数	直近の住民登録者	居住率
田村市	2014年4月1日	1961	2178	90.0%
川内村	2011年9月30日※1 2014年10月1日 2016年6月14日	2055	2527	81.3%
楢葉町	2015年9月5日	4030	6764	59.6%
葛尾村	2016年6月12日	425	1380	30.8%
南相馬市	2016年7月12日	4301	7740	55.6%
飯舘村	2017年3月31日	1486	5259	28.3%
川俣町	2017年3月31日	344	728	47.3%
浪江町	2017年3月31日	1529	16748	9.1%
富岡町	2017年4月1日	1567	12431	12.6%
大熊町	2019年4月10日	281	10274	2.7%
双葉町	2020年3月4日	0	5798	0.0%※2

「居住人数」「直近の住民登録者数」については2021年1月16東京新聞4面を引用
※1 緊急時避難準備区域の解除
※2 一部地域で避難指示が解除　人が暮らせるようになるのは22年春以降

の再稼働に対しては各地で激しい反対運動が起こったが、地元自治体を説得し実行した。

原発事故の加害者の立場にあった私には、福島においてそうした政治決断ができなかった。福島県の強い要請や汚染者負担原則など、年間1mSvを決めた理由を挙げることはできるが、あの時の判断が結果として浜通りの復興を遅らせたのではないかとの思いは捨てきれない。しかし、時計の針を戻すことはできない。あの時、果たすことのできなかった責任を全うするために、福島のこれからのために政治家として力を尽くす覚悟だ。


最大の課題は浜通りの市町村のこれからのまちづくりだ。他の地域で生活基盤が確立した人の多くは、故郷への思いを残していたとしても、これから住民として戻ってくることは考えにくい。また、震災・原子力災害対応の予算は未来永劫続くわけではない。中間貯蔵施設へのフレコンバッグの運び込みの終了は喜ばしいことだが、復興に関わる仕事が減少するという側面もある。やがては国の予算が減少し、地元自治体の自立的な財政運営が求められる時代が来る。次の10年の間には、以前の街を取り戻すという発想ではなく、新たな街の形を明確にすることが求められる。

大川原地区に復興拠点を誕生させて廃炉作業に取り組む大熊町、工場の誘致に成功しひとり親世帯を招き入れて人口を維持する川内村、世代を超えてワインづくりにチャレンジする富岡町。すでに新たなまちづくりは始まっている。振り返れば、原発は地元に一時的に経済的利益を生んだが、原発事故という未曽有の被害をもたらす結果となった。中央に依存するやり方は、中央と地方の圧倒的な力の格差を埋める結果にはならない。これからの福島に必要なのは自立的な産業基盤だ。現在、議論が進んでいるイノベーションコースト構想と、その中核施設となる国際教育研究拠点の整備が、地元の人材や企業を巻き込んだ新たな産業基盤につながることを期待したい。

国家的事業として除染土の再生利用に取り組むべき

中間貯蔵施設の運用が軌道に乗ったことで、除染土の実態も明らかになってきた。運び込まれた除染土は、すでに自然減衰によって線量が下がり、その8割近くが8000Bq／kg以下（1年間その横で作業をすると仮定して追加被曝が1mSv以内に留まる）となっている。これらの除染土は充分に再生利用可能なレベルにある。環境省の試算によると、技術開発が進み線量の高い除染土を減容化（少量化）できれば、残りの99％は再生利用可能、すなわち最終処分が必要ないレベルになる[.iv]。中間貯蔵施設が計画されていた当初から、除染土の再生利用は想定されていたが、現実には全くと言っていいほど進んでいない。飯舘村の長泥地区では、除染によって発生した土で花や野菜の栽培が行われているが、中間貯蔵施設からの運び出しは1件も行われていない。このままでは大量の除染土が中間貯蔵施設に固定されてしまう。福島との約束を果たすためにも、中間貯蔵施設跡地の有効活用のためにも、除染土の再生利用は不可欠だ。

最も大量に再生利用が進むのは、路盤材、盛土などの道路建設、河川堤防や防波堤、埋め立てなどで活用するやり方だ。これまで福島県内でこうした案が検討されたが、実現に至っていない。福島県外も含めて、環境省と国交省が共同して実現を目指す必要がある。これまでうまくいかなかったことを考えると、除染土を再生利用した工事に復興予算を使うなどのインセンティブも必要だろう。福島県外の東京電力の敷地内での利用も検討されるべきだ。

利用が想定される除染土の量は限られるが、都道府県の産業廃棄物の最終処分場や、福島県内外の市町村の家庭ごみの焼却灰の最終処分場の覆土として再生利用することも考えられる。除染土の再生利用を通じて福島の復興に貢献した事業については、復興予算を充てることで自治体負担をゼロにするべきだ。

気がかりなのは、この問題が担当省庁である環境省内に留まっていて政府全体で危機意識が共有されていないことだ。巨大事業となった除染や中間貯蔵施設の土地取得には、環境省に国交省や農水省など他省から多くの有能な人員が派遣された。原発事故後、建設中だった常磐自動車道については除染と残存部分の建設を同時並行で行った。浜通りに背骨を通すために環境省と国交省がスクラムを組んだのだ。福島への責任を果たすためにも、除染土の再生利用は国家的事業で取り組むべきものだ。環境省内には当時を知る幹部が多数残っている。彼らの奮起に期待したい。

環境省には他省からも有能な人員が派遣された。

中間貯蔵施設の設置を最初に福島に求めた

政治家として、厳しいご批判をいただくことを覚悟の上で言わなければならない。中間貯蔵施設に運び込まれた大量の除染土を、全て福島県外に持ち出すのは現実的ではない。現状で除染土の量は東京ドーム11個ほどだが、再生利用可能なものを除けば、最終処分が必要な除染廃棄物は体育館数個分ほどになる。福島県内外での除染土の再生利用を進めながら、中間貯蔵施設の跡地で実施される新たな事業においても、安全性が確認された除染土を再生利用する必要がある。

再生利用できない除染廃棄物については、約束通り福島県外での最終処分の実現を目指さなければならない。福島県内には「いちえふ」内の溶融燃料などの高レベル廃棄物も存在している。私は、減容化によって少量化した最終処分対象となる除染廃棄物を一旦、「いちえふ」内に持ち込み、高レベル廃棄物と一体的に最終処分先を探すべきだと考えている。現在、近藤駿介氏が理事長を務める原子力発電環境整備機構（NUMO）において高レベル放射性廃棄物の地層処分の検討が進んでいる。この問題は原発の是非と関わりなく、わが国が結論を出さなければならない問題だ。最終処分場の選定にあたって、我々は30年という福島との約束があることを忘れてはならない。

あなたが福島のためにできること

①中間貯蔵施設で安全性の確認された除染土の再生利用に賛成を表明する
例：路盤材、盛土などの道路建設、河川堤防や防波堤、埋め立てで利用
産業廃棄物の最終処分場や、市町村の家庭ごみの焼却灰の最終処分場で利用

②先端科学技術が集積するイノベーションコースト構想に関心を持つ

3．福島で被曝による健康被害はなかった。甲状腺検査の継続は倫理的問題がある

原発事故発生当時、我々が絶対に防がなければならないと考えていたのが、被曝による健康被害だった。事故直後、「いちえふ」の現場で被曝による重篤な被害が出た時は、事故対応の責任者として海江田万里経産大臣と共に政治家を辞する覚悟を決めていた。現場の奮闘で最大の危機は乗り越えることができたが、原発事故による健康問題は福島県民の深刻な懸念として残った。福島県民の不安に寄り添うために開始された健康調査だったが、時間の経過と共に当初想定していなかった弊害が発生している。

福島県民から原発事故による健康の影響を心配する声が高まり、国として対応が求められるようになった2011年6月、私は原発事故収束担当大臣に就任し、9月から環境大臣を兼務することになった。当初、健康問題は厚労省だろうと考えたが、それまでの経過から厚労省が原発事故に関わることに消極的であることは分かっていた。原発事故を起こした政府が、健康問題で腰が引けた対応をとるわけにはいかない。福島県民の不安は日を追うごとに大きくなり、決断までの時間はなかった。早速、南川（秀樹）次官と相談することにした。次官は、除染、被災地の瓦礫処理、後に

原子力規制委員会など、新たな課題が生じるたびに環境省が受けるという前向きな判断をしてきた人だったが、健康問題となるとどうか。

「やりましょう。環境省には長年公害を担当してきた環境保健部があり、医系技官もいます」

南川次官の性格は熟知していたつもりだったが、この問題に即答したのには正直驚いた。彼の積極果敢な性格は、有能だが控えめな性格の職員が多い環境省を変えたと思う。こうして福島の健康問題は環境省が担当することとなり、私自身も政治家として重たい課題を背負うことになった。

２０１１年秋に始まった県民健康調査は県が実施主体となり、環境省は福島県民健康管理基金を作り財政的に後押しすることになった。私は同時期に、内閣府に設けた「低線量被ばくのリスク管理に関するワーキンググループ」で主査を務めた長瀧重信氏などの専門家から詳細なヒアリングを幾度となく重ねていたため、福島で健康被害が出ることはないと考えていたが、県民に安心感を与えるために長期的に見守る体制を作る必要性を感じていた。実態の把握が難しかった当初、チェルノブイリ原発事故で大量に発生した甲状腺がんを懸念する福島県民は多かった。そのため県民健康調査の中心は甲状腺検査となった。

今の甲状腺検査は不安と誤解を増長している

原発事故から10年が経過し、子供たちの健康を長期に見守るために始まった甲状腺検査が、むしろ不安と誤解、風評、そして過剰診断・過剰治療による弊害を増長している懸念がある。甲状腺検査を始めた時の政府の責任者として、検査が福島の若者にもたらす不利益に強い危機感を持っている。結論から言えば、甲状腺検査のあり方を早急に見直すべきだ。

甲状腺検査は2011年当時、胎児から18歳までだった世代の若者を対象に、2年ごとに行われており、すでに4巡目の検査まで終了している。これまで99％以上の人がA判定（治療の必要なし）とされた一方、超音波検査でのう胞などが見つかった人はB判定となり、二次検査を受けている。二次検査の結果、悪性ないし悪性の疑いと診断された人は252人となった。しかし、これは福島以外のどの地域で調べても、悉皆(しっかい)検査をすれば必ず見つかるものであることなどから、総合的に判断して放射線の影響とは考えにくいと評価されている。青森県、長崎県、山梨県の3県で400人超を対象に同世代の検査が行われているが、いずれも悪性ないし悪性の疑いの診断の割合は福島の検査結果と差はない。チェルノブイリの原発事故と比較する人がいるが、福島県民が受けた放射線の被曝線量ははるかに少なく、直接の健康への影響は考えられないレベルにある［v］。

原子放射線の影響に関する国連科学委員会（UNSCEAR）は『東電福島第一原発事故に関する報告』の中で、「全体として甲状腺吸収線量はチェルノブイリ事故後の線量より大幅に低いため、福島県でチェルノブイリ原発事故の時のように、多数の放射線誘発甲状腺がんが発生すると考える必要はない」としている。国際原子力機関（IAEA）でも同様の報告がなされている。

第一に指摘しなければならないのは、甲状腺検査が生涯にわたって体に害を及ぼすことのない病

過剰診断の不利益

身体の負担

・不必要な検査を受ける
・不必要な治療（薬剤や手術）を受ける
・不必要な検査や治療による被害の可能性（被ばく、副作用、合併症など）

検査を受けなければ生じない
・病気の経過や予後に関する不安
・病気の原因に対する不安
・病気の治療に関する不安

過剰診断

物理的負担

・診断や治療、通院に伴う費用負担
・診断や治療に費やす時間の損失
・生命保険やローン契約の不利な取り扱い

社会的な影響

診断や治療による
・就労上（就職や職場生活）の不利益
・ライフイベント（恋愛、結婚等）における不利益

病気に対する社会全体のとらえ方、リスク認知への影響

検査受診や治療に関する意思決定への影響

緑川早苗氏提供

気を診断する「過剰診断」の問題だ。その弊害は上の図にある通りだ。放射線被曝によって発症のリスクが高くなる甲状腺乳頭がんは、がんの中でも最も予後の良い（治りやすい、命を脅かしにくい）がんで、体調に異変を感じることはほとんどないため、多くの人ががんの存在に気付かないまま日常生活を送っている。緑川早苗氏によると、甲状腺がんを持ちながら他の病気で亡くなるまでがんの存在に気付かずに過ごす人が10％程度いることが多くの病理学者の研究によって明らかになっており、検査全体の30％以上の人が無症状の甲状腺がんを持っていたとのフィンランドの論文もある。福島の甲状腺検査では、4回目までに252人が「悪性ないし悪性の疑い」と診断され、そのうち203人が手術を受けてがんが確定している。しかし、199人は乳頭がん

であり、本当に手術が必要であったかどうか疑問が残る。

検査で甲状腺がんと診断された場合、さらなる検査を受けることによる身体的負担、病気に対する不安、通院による経済的負担などデメリットは大きい。実際に、喉に針を刺す二次検査の細胞診は福島の乳幼児に恐怖を与えるものとなっている。「避難せずに福島に残ったことで、子供を犠牲にしてしまったのではないか」と感じる親御さんたちの精神的負担も大きい。ましてや手術となればその負担は計り知れない。緑川氏は女性が手術を行った場合、生理不順や流産のリスクが高まる可能性にも言及した。それが一生必要ない手術、または数十年先にやればよかった手術であれば、その人生に与えるマイナスの影響は甚大だ。

社会生活を送る上でのデメリットも無視できない。私の妻は20年ほど前に甲状腺がんの手術を受けた。甲状腺の腫れが出たため、担当医と慎重に相談した上で手術を行い、手術後は全く支障のない生活を送っている。妻の場合は大きく腫れた甲状腺を切除するメリットが大きく、手術の選択は間違っていなかったが、術後も傷痕は残り、相当の期間処方された薬を飲み続けなければならなかった。また、生命保険に入ることはできないというデメリットもあった。甲状腺がんの診断を受けた若者が結婚や就職などで受けるデメリットは、妻が経験したものとは比較にはならないだろう。

国際社会から向けられる厳しい目

国際社会は、福島の甲状腺検査に対して厳しいまなざしを向けつつある。世界保健機構（WH

O）の関連組織である国際がん研究機関（IARC）の専門家グループは、2018年10月に公表した報告書の提言で「原発事故後の甲状腺の系統的なスクリーニング（集団に対して行われる検診を指す）は推奨しない」としている。韓国では1999年から甲状腺がん検診の公的援助が始まったことで受診者が増え、甲状腺がんの罹患者は15倍になったが、死亡率に変化はなく甲状腺がんの検診は中止されている。将来、福島の甲状腺検査は国際社会から倫理的な問題を指摘される可能性がある。

私は2019年には過剰診断のデメリットを明確に意識するようになり、環境省に甲状腺検査を実質的に任意の検査とするように働きかけてきた。しかし、甲状腺検査は福島県により行われるものであり、国に決定権はないとして根本的な変更はなされてこなかった。緑川氏は行政が検査を縮小できない理由として、かつて福島県小児科医会が検査の見直しを求めた際に、「放射線の健康被害を隠蔽しようとしている」とのクレームがあったことが影響している可能性に言及している。主管官庁である環境省、検査を実施している福島県、そして科学的事実を知る専門家は、そうした時にこそ原発事故による健康被害が生じていないという事実を毅然と説明しなければならない。

医療サイドの問題も指摘しなければならない。技術の進歩により検査によってかなりのことが分かるようになったが、それが患者のためになるかは別問題だ。医者の学術的な探究心と患者の幸せは時に相反する。過剰診断、過剰治療の問題はこれから益々深刻になるだろう。医療の倫理は、国民にオープンに議論されるべきものだ。大切なのは福島の若者の未来だ。私は原発事故直後の状況を振り返ると、初期の甲状腺検査は批判されるものだとは考えていないし、医療関係者の努力に敬意を表したいと思う。しかし、放射線による健康被害が発生しなかったことが明らかになったあとも甲状腺検査を継続することは倫理的に問題があり、今後も検査を続けると福島の若者の過剰治療がますます増加する可能性がある。そのようなことになれば、検査を実施してきた行政の責任も免れない。

検査開始当時の政府責任者として甲状腺検査方法の根本的変更を勧告する

福島の甲状腺検査の実態を把握するべく、これまで甲状腺検査の対象となってきた福島出身の若者との対話を行った。東北大学医学部医学科3年の法井美空さんは、高校生の時に外部被曝の線量測定や甲状腺検査の研究を行った経験を持つ。医者の卵である彼女はスクリーニング検査について次のように語った。

「(検査通知の)封筒が届くことで不安をあおられる」

「スクリーニング検査をして、過剰に甲状腺に異常があると診断されることが多くなることによる風評被害もある」

「これまで甲状腺検査は受けておらず、これからも受けようとは思っていない」

東北大学医学部看護学科2年の荒帆乃夏さんも高校時代に甲状腺検査の研究をした経験を持つ。甲状腺検査については次のように語った。

「小学校の時から検査を受けていたが、高校2年生の時に甲状腺検査の研究を始めたことをきっか

■福島の甲状腺検査の同意書に同封されている『甲状腺検査のメリット・デメリット』

●メリット

⑴検査で甲状腺に異常がないことが分かれば、放射線の健康影響を心配している方にとって、安心とそれによる生活の質の向上につながる可能性があります。

⑵早期診断・早期治療により、手術合併症リスクや治療に伴う副作用リスク、再発のリスクを低減する可能性があります。

⑶甲状腺検査の解析により放射線影響の有無に関する情報を本人、家族はもとより県民及び県外の皆様にお伝えすることができます。

●デメリット

⑴将来的に症状やがんによる死亡を引き起こさないがんを診断し、治療してしまう可能性があります。

⑵がんまたはがん疑いの病変が早期診断された場合、治療の経過観察の長期化による心理的負担の増大、社会的・経済的不利益を生じる可能性があります。

⑶治療を必要としない結節（「しこり」）やのう胞も発見されることや、結果的に良性の結節であっても二次検査や細胞診を勧められることがあるため、体への負担、受診者やご家族に心労をおかけしてしまう可能性があります。

けに受けるのを止めた。小学校の時はデメリットも分からず、身長体重を測るように安易に甲状腺検査を受けていた」

甲状腺検査の対象となってきた福島の若者の中から医療の専門家への道を選択した二人の言葉は重い。この対話には10人の安積高校の生徒が参加した。参加者の中の8人は甲状腺検査に問題があることを以前から知りながら、一人を除き小学生の時から甲状腺検査を受け続けていた。大学生の発言を聞いた彼らに今後について尋ねたところ、10人中9人が「次の甲状腺検査を受けない可能性がある」と答えた。現在の甲状腺検査が任意で行われているとは到底言えないことは、検査対象となってきた若者の実態からも明らかだ。

今後の甲状腺検査は希望する人に限定されるべきだ。重要なのは任意性の確保だ。やや細かい中身に入るが、甲状腺検査の実状を知る上で重要な部分なので、福島で実際に行われている同意の実態に立ち入ることとする。

甲状腺検査の同意書に『検査のメリット・デメリッ

ト』が同封されるようになったが、早期診断・早期治療が必然的に導き出す手術については、メリット・デメリット共に明確な記載がなされていない。特に、甲状腺がんと診断されると保険に入れない期間が生じること、傷痕が残り薬を飲み続けなければならないこと、女性の場合に妊娠や出産に影響を及ぼすリスクがあることなど、重大なデメリットの記載がない。結果として学校で行われる甲状腺検査の受診率は90%を超えており、悉皆検査に近い運用がなされている。検査の同意不同意という任意性を担保する最も大切なプロセスがないがしろにされている現状は重大な問題だ。

現在の甲状腺検査のあり方には多くの問題があり、これまでのプロセスを根本的に改める必要がある。検査の同意書は個人宅に郵送され、福島県立医大に返信される形式となっているが、学齢期にある子供で同意書を返信しなかった30%については学校で同意書の回収が行われ、福島県立医大で集約されている。このやり方そのものが同意を促す仕組みとなっている。任意性を確保するために、学校での回収は即時に止めるべきだ。そもそも、甲状腺検査そのものが学校の授業時間帯に行われているため、検査を希望しない子供はその時間帯に他の子供たちと異なる行動をしなければならない。間接的ではあっても検査を促す仕組みは、人権面から見ても問題があると言わなければならない。任意性を確保するために学校での検査は廃止し（最低限、学校検査の時間帯を放課後に移す）、本当に検査を希望する人のみを対象にした仕組みに改めるべきだ。福島県民の不安に応えるために検査は今後も無償を維持し、検査前の説明は対面で丁寧に行う必要がある。

甲状腺検査の弊害に気が付いてから、何人かの福島選出の国会議員に自身の子弟に甲状腺検査を受けさせているかどうか尋ねてみたところ、「受けさせていない」との回答が多かった。私自身、仮に娘が福島で生活していたとしても、10年が経過した今となっては甲状腺検査を受けさせるつもりはない。自らが選択しないことを福島の方々に強いる（あえてこの表現を使うのは、学齢期の子供については実質的に悉皆検査に近い運用がなされているからだ）ことはできない。

検査の具体的方法は「県民健康調査」検討委員会で議論されている。委員である環境省の責任者は、ほとんどが国費で賄われている甲状腺検査のあり方の変更を強く求めなければならない。これまで甲状腺検査の財源となってきた福島県民健康管理基金は、私が当時担当閣僚として国費の支出（782億円）を決断したものだ。現状は、福島の人々の不安に寄り添うという当初の趣旨から逸脱している。県民健康調査が開始された当時の政府の責任者として、事故後10年を契機に甲状腺検査の方法を根本的に変更することを強く勧告する。

あなたが福島のためにできること

---

①福島で甲状腺がんは増えておらず、これからも増えないという科学的事実を知る

②福島はチェルノブイリと全く違うことを理解する

③甲状腺検査の過剰診断、過剰治療の問題を理解する

---

4. 食品中の放射性物質の基準値を国際基準に合わせるべき

福島の復興について語る中で、田中俊一氏から「風評被害の一番の障害は食品摂取基準だ」との指摘を受けた。3・11のあと、基準値は2度変更されている。一度目は原発事故からわずか6日後の2011年3月17日に定められた暫定基準だ。原発事故の10年以上前に原子力安全委員会で示された「飲食物摂取制限に関する指標」を引っ張り出して急きょ決められたこの基準は、国際水準のおおむね半分程度に設定されている。食品が放射性物質で汚染されるリスクがあった事故直後の状況を勘案すると、一定の妥当性のある基準と言えよう。

その後、日本社会が一定の落ち着きを取り戻した2011年12月22日、薬事・食品衛生審議会の食品衛生分科会放射性物質対策部会で策定され、放射線審議会の諮問を経て2012年4月1日に施工されたのが現行基準だ。この基準は正規の手続きを踏んでいるにもかかわらず、国際基準の10分の1以下と暫定基準値と比較しても格段に厳しいものとなっている。原発事故から10年が経過した今、国際基準と大きくかい離した基準値を維持する合理性は失われており、現行基準の改定を提案したい。

基準の改訂はいずれも厚労省が主導したため、原発事故対応や除染に追われていた私は直接的な

我が国における食品中の放射性物質の基準値

○旧ソ連チェルノブイリ原子力発電所事故を受け、昭和61年に暫定的に基準値を設定。
○福島第一原子力発電所の事故を受け平成23年3月に暫定規制値を通知した後、食品安全委員会による食品健康影響評価等を踏まえ、現行の食品中の放射性物質の基準値を設定。

○昭和61年11月1日通知 【単位:Bq/kg】

	対象	基準値
放射性セシウム	食品	370

※ 対象国、対象食品を限定して検査を実施。

○平成23年3月17日通知 【単位:Bq/kg】

	対象	基準値
放射性セシウム	飲料水	200
	牛乳・乳製品	
	野菜類	500
	穀類	
	肉・卵・魚・その他	
放射性ヨウ素	飲料水	300
	牛乳・乳製品	
	野菜類（根菜、芋類を除く。）	2,000
	魚介類	
ウラン	乳幼児用食品	20
	飲料水	
	牛乳・乳製品	
	野菜類	100
	穀類	
	肉・卵・魚・その他	
プルトニウム及び超ウラン元素のα核種	乳幼児用食品	1
	飲料水	
	牛乳・乳製品	
	野菜類	10
	穀類	
	肉・卵・魚・その他	

※ 魚介類中の放射性ヨウ素の規制値は平成23年4月に通知。

○平成24年4月1日施行（現行） 【単位:Bq/kg】

	対象	基準値
放射性セシウム	飲料水	10
	牛乳	50
	乳児用食品	50
	一般食品	100

※ 事故で放出された放射性物質のうち、半減期1年以上のストロンチウム、プルトニウム、ルテニウムの影響を考慮。

注） 放射性セシウムはセシウム134及びセシウム137の総和の量

［厚労省資料］

関与はしていない。ただ、2011年6月には、地元静岡の茶葉や干しシイタケで基準値を超えるものが出たため、基準の根拠の確認に追われた記憶がある。茶葉や干しシイタケは乾燥によって体積が小さくなるので単位当たりの放射線量（Bq／kg）は高く出るが、それらをそのまま食べる人はない。国内で基準値以上のものが出たことで、一時的とはいえ地元の食材の評価を下げることにもつながってしまった。

国際基準は食品から受ける放射線量が年間1mSvを超えないよう設定されており、日本もこの考え方に基づいて基準を策定している。ただし、日本の現行基準は「放射性物質を含む食品を一年間、50％食べ続ける」という前提で設定されている。厚労省からは「原発事故により国内の食品が汚染されている可能性があるので、安全サイドに立って汚染された食品を毎日食べるという前提で暫定基準を作った」と説明された記憶がある。しかし、現実には日本の食料自給率はカロリーベースで4割程度であり、地元のものばかり食べているわけではない。たしかに事故直後は降下してきた放射性物質により様々な食品から基準値超えが出たが、一定時間がたったあと、土・水などから放射性物質を吸収する段階になると、基準値を超える食品は、野生の山菜・きのこ、川魚に集中していた。実際に福島の食品全体で見ても汚染されたものは1％に過ぎず、田中氏によるとこの基準は「安全サイドに立った」というより「あり得ない前提に立った」もので、田中氏からは「この基準を決めたのは犯罪的だ」という厳しい指摘を受けた。たしかに、今の日本において放射性物質を含む食品ばかりを食べ続けるなどということは、やろうと思ってもできることではない。10年経過した今も国際基準を逸脱した厳しい基準が維持されていることは、日本の現状を考えるとあまりにも理不尽だ。

福島の農産品は厳しい検査体制下に置かれ、コメの全数全袋検査などの基準をクリアーして安全性が確認されてきた。魚介類の試験操業においても慎重な安全検査が実施され、全ての魚介類での出荷制限が解除された。食品摂取基準を議論する薬事・食品衛生審議会の食品衛生分科会放射性物

諸外国等における食品中の放射性物質に関する指標
（放射性セシウムについて）

【単位:Bq/Kg】

CODEX※	EU	米国
乳児用食品　1,000 一般食品　1,000	飲料水　1,000 乳製品　1,000 乳児用食品　400 一般食品　1,250	食品　1,200

※ 国際連合食糧農業機関（FAO）と世界保健機関（WHO）が設立した、食品の国際規格を策定する政府間組織

［厚労省資料］

質対策部会は2012年以降、一度も開催されていない。政府は国際的な風評を恐れてあえて手をつけていないようだが、いつまでも事故後の特異な基準を維持することは、国内外に福島が危険なのだという誤解を固定化することにつながっている。国際基準を採用することで、「もう福島の食品には原発事故によるリスクがなくなったからこの基準を変更する」というメッセージを国内外に強く発信するべきだ。同部会を開催して現行基準の妥当性を早期に検証し、食品中の放射性物質の基準を国際基準に合わせることを提案する。

あなたが福島のためにできること

①福島の食材を美味しく食べる
②国際的な食品摂取基準を理解する

5. 危機管理に対応できる専門家の育成は国家的課題

わが国は新型コロナウイルスという新たな危機に直面している。東日本大震災以来、毎年のように災害の被害を受けているわが国では、危機管理における専門家の役割が明確に共有されるべきだ。いくつかの深刻な危機を経験してきた者として、危機管理においては虚栄心のない専門家を登用すべきことを最初に指摘したい。3・11の際、参与に登用された専門家の中に残念ながらふさわしくない人物が含まれており、その弊害は甚大なものとなった。

危機管理において登用すべき専門家に必要なもう一つの資質は、重要な判断から逃げない胆力だ。危機に対応する能力は、学歴や肩書よりも所属組織内における信頼のほうが重要な判断基準となる。その意味で、リスクを取って原発事故による「最悪のシナリオ」を作成した近藤駿介氏と、いち早く原発の専門家として国民に謝罪し自ら除染に取り組んだ田中俊一氏のリーダーシップは突出していた。両氏のような真の専門家が3・11の時にしかるべき地位についていれば、政府の対応が変わっていた可能性すらある。

対談の中で田中氏は「いざという時に科学者が社会的責任を果たせないようじゃダメですよ」と述べている。田中氏の場合、1999年のJCO臨界事故の際、危機管理の最前線で事故に立ち向かった経験が大きかったと思う。専門家だけではなく政治家にも官僚にも言えることだが、平時において極めて有能な人物が有事において機能するとは限らない。実戦を通じて危機管理能力は試され、鍛えられる面がある。危機管理においてこそ、先頭を走る世代だけではなく次の世代の専門家を関与させる意味は大きい。

近藤氏は「専門家が危機にあたって適切に対応するためには、普段からトレーニングにつながる仕事を経験していくことが肝要」と述べている。この発言は極めて示唆に富んでいる。近藤駿介氏の場合、原子力委員長に就任する前から通産省原子力発電技術顧問を務めるなど行政とのつながりがあったことが大きかった。新型コロナウイルス対策で前面に立ち続ける尾身茂氏が医師でありながら、長い行政経験を有していることは偶然ではないと思う。危機管理においては、行政組織をいかに動かすかが決定的に重要な要素となる。いかに専門的な見識があろうと、全く行政組織を知らない専門家が危機管理の局面で中枢を担うのは無理がある。

これまで危機管理の局面で、専門家がメディアやネットで御用学者と吊るし上げられ、「政治、行政の調整などやっていられない」「メディアで批判されるのはたまらない」と現場から脱走したり、沈黙したりする姿を目にしてきた。批判を覚悟で率直に言えば、国民の生命財産が危機にある時に役に立たない専門家の育成に莫大な税金を投じる意味があるのだろうかと思うことすらある。専門家には御用学者批判に動じず、日頃から行政との接点を持ち、国家的な危機に向き合う訓練を積んでもらいたい。行政や政治に関わる我々も専門家と日常的な接点を持ち、危機において機能する人物が誰なのかを見定めておく必要がある。危機において国の命運をかけることができる専門家は、国を挙げて育てるしかないのだ。

米国には科学技術担当大統領補佐官という役職があり、3・11当時、ジョン・P・ホルドレン氏がその職にあった。原発事故後、米国でホルドレン氏と会談した際に、科学者として一流である上に、危機において逃げずに役割を果たすホルドレン氏の存在をうらやましく感じた。3・11の直後、米国では自国民を「いちえふ」から200マイル（約322km）、すなわち東京を含む範囲で避難させることが検討されたが、ホルドレン氏らが行ったシミュレーションによって50マイル（約80km）に留められた。そのことで、米国大使館は東京に留まることになった。一時閉鎖や西日本に移転した在京大使館はドイツ、スイス、フィンランドなど29カ国。仮に米国大使館が東京から移転していたら、日米同盟は根底から揺らぎ、トモダチ作戦が実行できたかどうかも定かではない。危機における専門家の判断は時に国の行方を左右する。

わが国の政府には米国の科学技術担当大統領補佐官に該当するポジションは存在していない。総合科学技術・イノベーション会議のあり方を議論する際は、危機において科学者がどのように機能するかを考慮すべきだ。残念ながら、わが国は危機管理の訓練を積んだ専門家がほとんど存在していないのも事実だ。危機において機能する専門家の養成は、原発事故に限らず、新型コロナウイルスや安全保障にも通じる国家的課題と言えよう。

メディアに出演する専門家についても触れておきたい。学識経験者においてもマスコミに持ち上げられ専門外の問題にコメントして信頼を失う例は枚挙にいとまがない。原発事故後、科学に基づかない専門家のコメントやマスコミ報道は多くの風評を生んできた。一例を挙げれば、3・11のあと、岩手県、宮城県の被災地で大量に発生し処理が難しくなった瓦礫の広域処理は、特定のマスコミから放射能汚染されているという激しい批判を受け、一部の人たちの反対運動を引き起こすこととなった。環境大臣としてマスコミに反論し、環境省を挙げて広域処理を推進するキャンペーンを展開したが、広域処理の実行は困難を極めた。今から振り返ると、一部の反対を除いて国民は冷静に対応し、最終的に震災瓦礫を受け入れた自治体に風評被害は発生しなかった。しかし、科学に基づかない報道は被災地の瓦礫を処理する上で大きな障害となった。

哀しいことではあるが、扇動的な報道は事実を知るすべのない一部の人々に大きな影響を及ぼしてきた。政府は危機管理の局面では、信頼に足る専門家の見解を明らかにした上で、科学に基づいた報道をマスコミに求める必要がある。

6. 福島の決断も問われている。双葉郡を中心とした町村合併の検討を

本書で対談した佐藤雄平前福島県知事、渡辺利綱前大熊町長、遠藤雄幸川内村長、そして対談は叶わなかったがご子息と語り合うことができた故遠藤勝也前富岡町長は、原発事故という誰も経験したことがない危機において決断を迫られ責任を果たした政治家だった。改めて敬意を表したい。10年が経過し、福島の政治は次の世代に引き継がれつつある。

福島は復興の途上にあるが、残念ながら危機が完全に去ったわけではない。本書で提示した処理水の海洋放出、中間貯蔵施設内敷地の活用と除染土の再生利用、甲状腺検査が子供たちに及ぼす弊害の解消、食品摂取基準の変更は、まずは原発事故を起こした国の判断が問われる事項だ。その責任を明確に自覚した上で、いずれの課題も福島の理解なくして解決しないという現実を指摘しなければならない。

福島は「いちえふ」の廃炉と風評という危機と長く向き合っていかなければならない。現実問題として、目の前の処理水の問題を乗り越えない限り、除染土の再生利用は進まないだろうし、除染土の再生利用が進まないようであれば、長く続く廃炉作業の過程で生じる困難や風評を乗り越えることは難しいだろう。危機における決断の遅れは、あとになればなるほど大きなマイナスの効果を

生み出す。新たな10年を迎えるにあたり、福島の政治家の決断が問われ、福島県民がその決断をどのように評価するかもまた問われているのだ。

近い将来、双葉郡を中心とした町村合併の検討も必要になるだろう。処理水については、大熊町、双葉町の町長、楢葉町の議会から早期決断を促す意思が表明されているが、他の自治体の態度は必ずしも明確になっていない。渡辺利綱前大熊町長は双葉郡全体で処理水の見解を一本化するべきだと発言している。大熊町、双葉町に置かれている中間貯蔵施設には大量の除染土が積みあがっており、安全性が確認された除染土の再生利用は進んでいない。こうした負担は大熊町、双葉町だけでなく国全体で軽減を図るべきものだが、双葉郡全体で検討されることで解決を導き出すことにつながるだろう。

住民基本台帳法では、住民サービスを受ける実際の居住地と、住民税を払う場所（住所）を一致させることが義務となっている。しかし、双葉郡内の一部自治体においては、実際の居住者と住民（住民票を置いている人）の間にかなりの差がある。国会では、東日本大震災によりやむを得ず避難先で生活を送るしかない状況にあり、かつ主観的な居住の意思が避難元の市町村にあると認められる方については、当該避難元市町村から転出した場合を除き、避難元の市町村に住所があるとしている旨の答弁がなされている［vi］。特に福島県には役所自体が他の地域に移転していた自治体があったことを考えると、原発事故により避難を強いられた住民が例外として認められてきたことは当然のことだ。

一方で、10年が経過し環境が変わりつつあるのも事実だ。双葉郡の多くの自治体の避難指示が解除される中で、2020年春には最後まで全域に避難指示がかかっていた双葉町でも避難指示の一部解除が始まった。近い将来、双葉郡を中心とした町村が単一の自治体となり、どこに住むかを住民自身が主体的に選択できる時期が来れば、居住する自治体で住民税を払うという本来の姿が実現する。

双葉郡が一体で新たなまちづくりに取り組むメリットは大きい。浜通りですでに始まっているイノベーションコースト構想、その中核を担うであろう国際教育研究拠点、そして中間貯蔵施設の将来構想により、双葉郡を中心とした地域は先端研究の一大拠点となる可能性がある。渡辺利綱前大熊町長は「第二のつくばを目指す」と力強く語ってくれた。

やや気がかりなのは、これから設置場所が決まる国際教育研究拠点の誘致競争が双葉郡内で生じていることだ。国際教育研究拠点を双葉郡全体で受け止め、その効果をイノベーションコースト構想に波及させることが双葉郡の未来を切り開くことにつながると私は考える。あくまで町村合併は住民本位で行われるべきものだが、双葉郡が依然残る課題を乗り越え、未来を切り拓くために決断をする時が来ることを期待したい。

福島は10年でよくここまで来たと思う。しかし、ここで立ち止まることはできない。本書を世に問うたのは、福島の現状と課題を多くの国民に理解してもらいたいと考えたからだ。福島があの原発事故を乗り越えて復興を果たすことが、日本社会が抱える課題を解決することにつながり、世界にわが国の底力を示すことにつながると私は信じている。事故直後から福島に関わり、今も国政の末席にあるものとして私自身は責任を最後まで全うする覚悟だ。

［i］２０２０年8月15日・読売新聞福島地域ニュース　https://www.yomiuri.co.jp/local/fukushima/news/20200815-OYTNT50010/

［ii］例えば、第74回（令和2年度第2回）福島県原子力発電所の廃炉に関する廃炉安全監視協議会において東京電力がその詳細を報告している。
https://www.pref.fukushima.lg.jp/uploaded/attachment/419325.pdf

［iii］資源エネルギー庁の「多核種除去設備等処理水の取扱いに関する小委員会　報告書」のＰ27に詳しい
https://www.meti.go.jp/earthquake/nuclear/osensuitaisaku/committee/takakusyu/pdf/018_00_01.pdf

［vi］環境省の「中間貯蔵除去土壌等の減容・再生利用技術開発戦略検討会（第９回）資料４　減容・再生利用技術開発戦略進捗状況について」Ｐ28参考　http://josen.env.go.jp/chukanchozou/facility/effort/investigative_commission/pdf/proceedings_181217_04.pdf

［v］環境省のＨＰで紹介されているように
https://www.env.go.jp/chemi/rhm/h28kisoshiryo/h28kiso-03-06-26.html?fbclid=IwAR2fH4zLesbFGzUazxqmPrkOaRDNSizDq5ANgDXwEnWH-Yjf3uyju4-jPXY
最も甲状腺被曝の等価線量が大きかったと言われるベラルーシでは、５００、５０００ｍＳｖの被曝をした子が多く存在している一方、日本ではどんなに多く見積もっても50ｍＳｖに満たず、そう想定されている子供もわずかで、ほとんどは特異な被曝自体をしていない。「桁違い」に少ない被曝ですんでいる。

［vi］平成26年11月17日の参・復興特委　田村智子議員の質問の議事録。

編者解題

開沼博

ここ10年の間、何百人という3・11に何らかの形で関わった方々と向き合う機会をいただいてきた。その中には当然政治家もいて、そこで話した内容について、書籍やオンラインを通して誰でも読めるようになっているものもある。

佐藤栄佐久・元福島県知事には『地方の論理』(2012年　青土社)で、桜井勝延・前南相馬市長には『闘う市長』(2012年　徳間書店)で、2014年に亡くなられ本書にも言及がある遠藤勝也・前富岡町長とはダイヤモンド・オンライン(https://diamond.jp/articles/-/38107、https://diamond.jp/articles/-/38111)で、また拙編著『福島第一原発廃炉図鑑』(2016年　太田出版)では小泉進次郎・元復興政務官や福山哲郎・元官房副長官にも話を聞いた。他にもインフォーマルにお話を伺ってきた方々も少なくない。そして、本書をつくる中では、細野豪志・元環境大臣、佐藤雄平・前福島県知事、遠藤雄幸・川内村長、渡辺利綱・前大熊町長と、また新たに貴重なインタビューを積み重ねることができた。今改めて振り返ってみて、3・11という世界史的事件の渦中に身を置いてきた政治家に話を聞く機会を、その記憶が無くなり切る前に、これだけ得てきたことは研究者としてはこの上ない僥倖に他ならない。

そんなインタビューをするたびに思うのが「政治家とはいかなる仕事なのか」という問いだ。そう思う背景は2つある。

一つは、本書に出てくる非政治家、つまり、学者・医師などの専門家、そして一般住民も含めた誰に対してでも、3・11は「政治的振る舞い」を強いる事件だったからだ。ここでいう政治的振る舞いとは、常に「自らの味方と敵を分ける」言動を強いられる状態を指す。

ドイツの政治学者、カール・シュミットは「政治的なもの」とは何か、と問う中で、それが「自らの味方と敵を分けること」だと指摘した。私たちは、話し合えば落とし所を見つけるとか、利害を調整すれば葛藤が収まるとかが「政治的なもの」だと思いがちだが、そうではない。ある面でそれは政治が存在しなくてもできることだ。では、政治の存在が不可欠になるのはいかなる時か。それは、どんなに話し合いや利害調整をしたところで、根本的なところで価値観・感覚を共有できない人々の間での対立が生まれ、「味方と敵」を区別せざるを得ない瞬間だ。対話やカネ・モノで解決することもある。3・11後の被災地では実際にそれが強く促進されても来たが、それだけでは解決しなかったものも残る。そういった〝亀裂〟は、必ず社会のどこかには残っていて、そこにこそ「政治的なもの」は立ち現れる。

3・11は、例えば、空間や作物の線量確認のあり方を、避難指示解除を、除染の開始の容認を、その基準の設定を、中間貯蔵施設の受け入れを、未来の地域づくりのあり方を、そもそも福島に暮らすこと自体を巡って、人々の間に「味方と敵」をつくった。そして、通常なら職業政治家に任されるようなことまで、専門家や一般住民が判断をせざるを得ない構造が拡大していった。当然、そこに巻き込まれた多くの人は〝職業政治家として判断の訓練をしてきた人〟ではないから、中にはパニックになり冷静な判断をできなくなる者、過剰に「政治的なもの」に同化・内面化して「敵」を見つけては糾弾するような者も、それまでは何ら「政治的振る舞い」をしそうにない者の中から現れた。（残念ながら、職業政治家の中にも、政治的役割を与えられた学者・専門家の中にも、火中の栗を拾う役割の重責に押しつぶされ、暴走したように見える者は少なからずいた。）

3・11は、いわば「誰しもを政治家にする」側面を持っていた。話し合えば分かりあえる、カネやモノを分け合えばどうにか調整できるはずだ。そんな綺麗事の理想を語っていても解決しない問題が大量発生し、目の前に山積し、タイムリミットが迫りくる中で「味方と敵」が区分される中、ことを進めていく姿勢が社会の細部まで求められた。

そんな「政治的振る舞い」が普遍的に求められる社会において、その中心に立った職業政治家は何を考え、何をなそうとしてきたのか。私は、ここにこそ3・11が明らかにした社会の丸裸の姿が見えるのではないかと思ってきた。

もう一つ、「政治家とはいかなる仕事なのか」ということを意識するようになったのは、3・11の最も大きな特徴が「意図と結果のズレの甚だしさ」にこそあるからだ。社会には、意図と結果のズレは様々に存在する。意図と結果がズレた時、例えば「悪気はなかったから良かったんじゃないか」とか「結果よりも、そこに至ったプロセスこそが大切だ」などと私たちは言い訳をする。ただ、その言い訳が許されない職業がある。そう論じたのはドイツの社会学者、マックス・ウェーバーだった。

意図と結果、という文脈に沿わせるならば、ウェーバーは、〝倫理的に善である意図や思い・信念〟（＝心情倫理）と〝倫理的に善である結果についての責任〟（＝責任倫理）とを分けた。そして、職業政治家に求められるのは、後者である、つまり、政治家は結果責任を一身に背負うべき存在であると指摘した。そこにおいて、例えば「悪気はなかったんです、ずっと平和を望んでいました。でも、戦争が起きて人が死んじゃいました」というような倫理観は許されない。悪気があろうがなかろうが「戦争を食い止め、人命を守った」という結果を残す、そこに責任をとることこそが、他の似た仕事をする人（官僚、専門家、実務家……）とは違うことだというわけだ。

3・11は「意図と結果のズレ」を様々に生んできた。例えば、人命を救うために大規模に早急に避難をした。しかし、その結果、避難の最中や、その長期化の中で亡くなった方、いわゆる震災関連死は地震・津波で直接亡くなった方の数を遥かに超えている。10年前のあの時点での意図と、10年後にそれが生んだ結果との間には大きな溝がある。これは、人の命の問題に限らず、あらゆる当時の判断、打たれた施策――放射線量の基準の決め方、避難の指示と解除、風評被害対策……――にも言えることだ。そして、「意図と結果のズレ」、善意が善き結果に必ずしもつながらない現実についての葛藤。このことを、政治家に限らず、3・11に関わったあらゆる人が感じたはずだ。それぞれの現場で、当時からぼんやりとその葛藤を感じながら時々の決断をしていた人がいただろう。

10年経って、あの時の意図と現在の結果との間に存在するズレは検証されるべきだ。ところが、実際にそれを検証しようとする動きは、少なくとも現時点では、ほとんど見られない。国家のガバナンスというマクロなレベルであれば、私も関わる一般財団法人アジア・パシフィック・イニシアティブ（API　旧・日本再建イニシアティブ）による「福島原発事故後10年の検証（第二民間事故調）」プロジェクトなどに限られるし、原子力規制委員会は実際に原子炉内部を確認できる状況が整えられる中で事故原因等の検証を進めているが、もっとミクロにも多様な検証があってしかるべきだ。「3・11の教訓」などという言葉をたまに聞くが、誰もが教訓をつむぎ出すことができる立場にあるはずなのに、検証は他人任せ、あるいは、まだ早いとでも表現できるような雰囲気が漫然と続いている。その検証の先陣を切ることができるのは、3・11において最も責任倫理の中に生きるべき存在である政治家だろう。彼らが、かつての自らの仕事がいかなるものだったのかということを見直す中にこそ未来に伝承すべきものが眠っているにちがいない。そう考えてきた。

本書はその点で教訓に満ちた内容になったはずだ。ある面で、政権や東電、行政が原発やそれが起こした事故にいかに向き合ってきたのかという点での議論は誰にとっても分かりやすく好まれる。マスメディアはもちろん、映画なども含めて多様に論じられてきた。もちろんそれは重要な議論だが、本書のスコープからは外れる。それは、政権や東電といった「お上」の成果や失態のみを強迫的に問い続ける形式化された態度自体が、3・11に由来する根本的で深刻な問題を問うことと乖離し、その問題群を看過することと表裏一体になっているゆえだ。本書の内容に対して、「『お上』をもっと糾弾せよ」という指摘が出ることが想定されるが、まさに10年で固着したその形式・「お作法」を反復することが不可視化させてきた問題が本書によって解き明かされているはずだ。例えば、〝お上は3・11を天災として片付けるべく被害を矮小化しようという陰謀を持っているに違いない〟というような視点を持つ者が繰り返す「3・11は人災である、その反省が足りない」というような短絡的な定型文がある（当然、それが完全に間違っているわけでもない）が、まさにそういう「御高説」が潜在化・深刻化させてきた問題こそが「人災」であり、それを乗り越えるための議論が本書には展開されている。

本書をいかに読むべきか。

まず、本書が「自己事故調」とも言える形式をとっている点は、他の3・11に関する政治家の、あるいは学術書やルポなどとの大きな違いであり唯一無二のオリジナリティだ。

社会科学において、政治家や専門家にインタビューを行うのは「質的調査」などと呼ばれる、よくある方法だ。文献に頼るだけでは見えてこないことも含めてあるテーマや人物について探求するために、口述を通して歴史を記述していくオーラル・ヒストリーと呼ばれる手法もある。3・11については事故直後から政府・国会・民間等の事故調査委員会ができたが、いずれの事故調においても、関係者からの聞き取りの積み重ねが報告書に反映されてきた。

本書は、あの混乱の中で、原発事故収束担当大臣・環境大臣を務め、政府の中心にいた細野豪志による「自己事故調」だ。

3・11に関しては他にも何人もの政治家が自らの著書やマスメディアからのインタビューを通して、自己省察の言葉を残している。ただ、細野豪志はその誰よりも、3・11の、その中でも特に福島に関する問題の中枢にいたプレーヤーであったことは間違いない。本書にはその「本丸」から見える風景が、自身の言葉で書き連ねられている。さらに、重要なのは、その記憶・経験をもった上で、3・11から10年を機に「改めて誰かの話を聞きながら、そこにある事実に向き合う」というところから作業をはじめ、それ自体を記録したことだ。自分の思いを言葉にするだけの本を作ることもできたかもしれない。しかしそうはせず、主要なテーマについて、その現場で経験・知見を積み重ねて来た人々へのインタビュー（第1章）、そして、地域で暮らす人々を尋ね意見を交わす経験（第2章）を経た上で、3・11から10年のタイミングでの調査・検証の結果と提言（第3章）を出す体裁をとった。

つまり本書は、3・11を巡る政治の中心にいた細野自身が事故調のように関係者に聞き取りを重ねた上でなされる、細野自身の自己省察の記録だ。それは、1章・2章で意見を交わした人々が積み重ねてきた10年間とその振り返りの記録でもある。まずはその重層的な事実に向き合ったことに本書の独自性はある。10年のタイミングで「検証」などの文言を冠した書籍等も散見されるが、残念ながらほぼ一次情報に当たらずに書かれたものも多い。これまでもそうだったが、3・11関連の膨大な書籍の中には「まとめサイト」のような、二次情報・三次情報のみで「真実を暴いた」かのように装う情報が大量に流通し、その中に、本当の意味で新規性と価値のある知見が埋もれてきてしまった現実もある。

3・11というテーマに関わる以上、何をどう表現しても「それは結局、自分の功績強調・責任回避・イデオロギー耽溺なのではないか……」といった評価を受ける余地を完全に消し去ることはできない。そうだとしても、まずは中心にある事実に真摯に向き合ったという事実は覆りようがない。それは本書の議論の〝背骨〟として姿かたちを作り、時間の経過の中でも変わらぬ普遍的価値を構成する条件となるだろう。

同時に、重要なのはこのタイミングでの調査・検証が本書によってなされたということだ。

先にも触れたとおり、歴史的事件である３・11に対する検証は、10年という時間の経過を考えると明らかに足りていない。例えば、関東大震災は１９２３年に起きたが、１９２９年には日比谷公園にて「帝都復興展覧会」が開かれ、復興の過程が展示された。阪神淡路大震災は１９９５年のことだったが、２０００年には当時の総理府が「阪神・淡路大震災復興誌」を取りまとめている。震災と防災をテーマにした科学施設「防災未来館」（現在、「人と防災未来センター」）ができたのも２００２年だった。このように、５－７年ぐらいで日本社会は大災害を振り返ってきた実績があるが、３・11については10年経っても、これに類する動きが部分的だったり、まだ無かったりする。

もちろん、必ずしも早ければ良いというわけではない。拙速に対応できないほど３・11が空前絶後の災害だったと見ることもできる。また、早すぎればまだ関係者が言葉にすることを躊躇して出てこない事実もあった。（実際、本書に書かれていることの裏にさえ、「20年目」になるまで言葉にされるのを待っている事実も多くあったことは申し添えておかなければならない。）ただ、形式的な３・11関連の報道やシンポジウムとは違った、皮相的ではなく核心に迫るような振り返りを誰かが担わなければならない。さもなくば、記憶は薄れ、関係者も一線を退き、鬼籍に入る者も出てくる。

無論、調査・検証が遅れる理由も分かる。例えば、３・11の複雑さ。３・11による問題を深掘りするためには、放射線防護学、廃炉工学、災害情報学、社会学・心理学といった分野にまたがる広範な基礎知識を精緻に習得しておくことが求められる。さらに。関係する省庁を挙げだすと、福島第一原発構内を管轄する経産省、その外を管轄する環境省、より広いテーマを扱う復興庁、内閣府、テーマによっては国交省、農水省、文科省、外務省などもそれぞれの動きを続けていて、それらを全て同時に視野に入れるのは簡単なことではない。そこに東電はもちろん、原子力損害賠償・廃炉等支援機構や日本原子力研究開発機構といった大規模な周辺組織も絡んでくる。自治体の数で言えば、避難指示を経験した12市町村があり、それぞれの地域・住民・首長などのキャラクターがあって、被災・復興の事情も異なる。扱うべきテーマも、マスコミを見ていたら「避難」とか「処理水」ぐらいが扱われやすい一方、本書で扱ったとおり主要テーマだけでも5－10ぐらいの話をおさえておく必要がある。

つまり、この問題は、他の問題と比べても、変数が多すぎる方程式なのだ。だから、政治家にせよ学者にせよ、一度手をつけたとしても扱いきれなくなって手放し、扱うとしても皮相的になり、新規参入者も育たない。政治家や学者が誰もメッセージを発さないから、デマを信じたり発信したりする人々も残ってしまう。

そんな問題のスタート地点を知り、自らも設計に関わった政治家が中心に立って、10年というタイミングで改めてこの複雑な問題に正面から向き合ってまとめた本書は、複雑な問題を複雑なままに、しかし、分かりやすく理解し直そうという読者にとって有益だろう。

これからの時間の経過は、この複雑さと理解の困難さをより高めていってしまうだろう。その中で本書の内容は、時間が経過するほどにその意義が高まってもいくはずだ。

ウェーバーは、政治家には「党派性、闘争、激情－つまり憤りと偏見－」が不可欠であり、政治家にとっての名誉とは、決して拒否したり誰かに押し付けたりすることが許されない「自分の行為の責任を自分一人で負う」ところにこそ存在すると言う。

現在、政治にも社会にも、「憤りと偏見」に塗れた議論があふれる一方、「自分の行為の責任を自分一人で負うところ」から逃げ、群れてみたり、誰かのせいにしたりするような態度が蔓延しているようにも見える。その不健全な「憤りと偏見」は過去の教訓を未来に残しはしないだろう。

健全なる「憤りと偏見」は「自分の行為の責任を自分一人で負う」ことにこそ宿る。本書に収められた対話や提言、そこに込められた静かな「憤り」と、歴史的事件の中心に立つが故の「偏見」は、3・11に大きく関わった人々の責任倫理に深く根ざしているはずだ。

それを未来に引き継ぐ役割は読者に委ねたい。

おわりに　〜「自己事故調」がなし得たこと〜

開沼博

細野豪志さんから連絡があったのは、2020年も師走になろうというタイミングだった。3・11から10年の来年3月までに、福島に関わった政治家として何とか自分なりの見解をまとめたい。10年目をのがせば伝えたいことを最大限世間に伝えられるタイミングはなくなってしまう。だから協力してもらえないか。そんな連絡をもらった。

細野さんとは、すでに3・11直後の民間事故調の聞き取りで直接会う、というか私は聞き取りをするワーキングメンバーの側の末席を汚す立場で同じ空間を共にした経緯はあったが、連絡をとるような関係もなかった。ただ、当時の政権内で福島問題に向き合う中心に立っていた視点から何を遺そうとするのか。その作業には歴史的価値があると感じ、快諾した。

そこからは急ピッチの作業だった。3カ月後に書籍にして刊行するというのは、大変なことだった。

作業を終えてみると、将来振り返られる時に、大きな価値を持つ書籍になったと思う。近藤駿介元原子力委員長や田中俊一初代原子力規制委員長と細野さんの実際のやりとり、その振り返りが前提となった対話は、他のあらゆる書籍・研究がいくら触れようにも触れられない「3・11の真実」

だ。彼らにしか分からない記憶が前提になった対談は他の誰も、どの文献も書き残すことができない歴史資料と言える。

その点では、佐藤雄平前福島県知事との対話も同様の価値を持つ。雄平前知事は、知事を退いた後、ほとんど表立って言葉を残していない。マスメディアとしては、地元紙・福島民友新聞が２０２０年末にインタビューをしたぐらいで、それだって、新聞紙面という紙幅の限界がある。直接伺ったところだが、雄平前知事は他の取材を受けるつもりはないとおっしゃっていた。他にご協力いただいた政治家・専門家や地域の方々の話も間違いなく、「あの３・11を共にした細野豪志だから」話すことがあったのだろう。価値や世界観を共有する者同士の信頼関係が深層証言を生んだ。それは「自己事故調」にしかなし得なかった貴重な記録となった。

提言の内容も極めて重要だ。

中間貯蔵施設の土壌等の再生利用や甲状腺検査などに関する提言は、福島の問題を真の意味で追ってきた研究者、マスコミ関係者であれば一発で「これは一線を越えたな」と思う内容だ。もちろん、根拠も責任もなく壮大なことを言う人はいたわけだが、当然そのたぐいのものではない。根拠と責任を持ち、一次情報にあたった上で出された提言がここにある。

本書冒頭にあった通り、政治家として10年前のことについて歴史法廷に立っている立場から、また今後、10年後、20年後に再度、歴史法廷に立たんと屹立する姿がそこに見える。

「３・11を継続的に検証・反省し、教訓を後世に伝えることが重要だ」と多くの人が表面的には言うわけだが、実際のところ、その作業がまとまってなされてきた形跡はほとんど残っていない。例えば、「あの時こうだった」「被災者が今も苦しんでいる」「やっぱりまだ福島は危険だ」といった、すでにあるステレオタイプを強化し、「福島かくあるべし」という多くの人が持つ信念におもねるような言説は相変わらず再生産され続けるが、その手の思考停止の回顧言説（それ自体の存在意義まで否定するものではない）と、本書のスタンスは懸隔している。10年の教訓を洗い出し、今後どうすべきかという、明確な目的を設定して本書は編まれた。3・11の大きさに鑑みれば、すでに本書の類書が多くあってもおかしくないが、少なくとも現在まではそうなっていない。

出版不況の中、名のある出版社においてもはや売れにくいテーマである3・11を扱う企画を刊行するのは簡単ではない。そんな中、徳間書店の加々見さんはいつも通り素早く段取りをしてくださった。インタビューの収録等にご協力いただいた皆様についても、お忙しい中、こちらの依頼に誰もが快くご対応いただいた。

本書にお名前やその言葉を掲載することはできなかったものの、政治・行政関係者であったり専門家であったり福島県内で生活する人であったり、多くの方にお知恵をお借りしたことも合わせて申しておきたい。この場をかりて御礼申し上げる。その他、多くの関係者のご尽力にも感謝したい。

本書での調査の結果見えてきた教訓は大きく以下の5点があると考えている。

（1）危機の中で拙速に定めた「基準」が後々、大きな縛りとなり、それ自体が新たな被害を生み出すことを意識すべき巨大な社会的危機の中では様々な「基準」を作ることが求められ、その意思決定の速さも常に求められることになる。無論、「速さ」の重要性を否定することはできない。しかしながら、「拙速」に決めること自体が、後に大きな弊害を生み出すことは様々にある。

追加被曝年1mSvの呪縛や、食品基準の設定、処理水や県民健康調査の対応方針。基準を一度定めると、いくら「後で適宜変えればよい」と考えていても、意図せぬ形で科学的な既成事実としてそれが固定し、またそこに賠償はじめ政治・経済的な要素も複雑に絡み、動かしようがなくなることがある。実際、福島において、その費用・時間の浪費は計り知れないものだった。

（2）長期大規模避難はまちの回復可能性をつぶし、人命を奪う

3・11後、流行った言葉の一つに「レジリエンス（復元力）」がある。災害などで一度壊れたとしても、そこから復元する力があるかどうかが重要だ、と。それは交通インフラ、行政機構から人の心まで様々なものに通じるテーマでもあった。

地域には様々なレジリエンスが備えられ、蓄えられてもきた。人間関係＝社会関係資本もそうだし、食糧確保の手段もそうだ。災害があっても、「道路が壊れて帰れないっていってた隣の家の子供を面倒見てあげてたんだ」「田舎だから蔵にコメをためてたんで食べ物には困らなかった」といった話は、よく聞く。

しかし、いくらレジリエンスが強固であろうと、人が居なくなる、散り散りになる、という時間が長引けば、それは壊死（えし）する。まさに、血流がとまり一定の時間が経過すると、その部分の機能の

回復は望めなくなるように。

まちだけではない。

福島県においては、最近になって数値の変化は落ち着いてきたものの、1600人ほどの直接死（地震・津波によって亡くなった数）に対して2300人を超える震災関連死（避難の途中・継続の中で心身に支障をきたして亡くなった数）が生まれ続けている。これに象徴されるように、長期大規模避難は、高齢者を中心に大量の人命をも奪う。

これは重要な教訓だが、充分に共有されていると言い難い。今後、首都直下型地震や南海トラフ巨大地震が来ると言われる中では、無防備だと言わざるを得ない。

1923年の関東大震災の時、東京、神奈川から遠方への避難は60－70万人規模に及んだと推計されている。当時の東京の都市部人口は250万人ほどであり、郡部や神奈川東部を含めたとしても相当な割合だ。無論、今に比べて当時はあらゆる面で都市防災が未発達だった故の被害の拡大もあったわけだが、現代における都市への人口と国家機能の密集や複雑化の実情を踏まえれば、むしろ当時より深刻な被害が起こる可能性も想定すべきだ。実際、首都直下型地震の直後の避難者数は最大700万人ほどになるという推計もある。避難は命拾いを意味しない。命を助けるための避難が人命を奪うという倒錯した現実がそこにある。

混乱の中では避難を扇動するような言説も生まれがちだ。自らが不安だと他人をもその不安に巻き込もうという感情に急き立てられる層が生まれる。しかし、避難だけが絶対善ではない。仮に避難をしても川内村が早期に避難解除の道筋をつけ、住民帰還率やまちづくりが相対的に順調なよう

に、また事故を起こした原発を抱える大熊町が早期に大川原を避難解除の拠点という筋道を示して
それが実現しているように、避難という有事から平時への意向を早期に構想することが後々の復興
の進捗を決める。

（3）葛藤を避けることを意図した「問題の棚上げ」が、事態を泥沼化させる

今となっては全ての自治体が避難指示解除を完了したり、その過程にあったりするが、そのタイミングが、現在の復興の格差、住民の満足度の溝を作っている事実は10年目の覆しようのない真実だ。

ここにあるのは、避難指示という「葛藤が起こらないわけがない問題」について後回しをするほど、より強固に経路依存性、既成事実の維持に向けた構造の固定化がすすみ、課題解決の道がより険しくなってきたという事実だ。これは、処理水や除染土壌等の再生利用、甲状腺検査のいずれにも通じる。

住民の対話を積極的に進め、合意形成を丁寧に進める。これは圧倒的に正しい理念だ。しかし、あとから振り返った時に、あの時に意思決定をしていれば、もっと住民の満足や納得がいく結果になっていたはずだ、なんでこんなに泥沼化させてしまったんだと後悔されることも多分にあった。危機からの復興は意思決定の連続だ。意思決定は政治の責任であり、その結果も政治の責任だ。無論、その政治を選ぶのは住民の責任でもある。

正しい理念を掲げているようでいて、内実は単なる無責任な「問題の棚上げ」になっていやしな

いか。常に自らを問い直し続ける姿勢が求められる。

（4）政治が毅然としたメッセージを出すことから逃げない

科学的メッセージを、科学者や行政が言うことだけでは限界がある。政治がデマへの反論を含めて繰り返し情報と知識を発信する必要がある。さもなくば、ブーメランの如く、政治的コストはますます上がり、政治的収束がつかなくなる。それは社会的混乱を持続させ、真の意味で苦しんでいる人々を看過することにつながる。

無論、闇雲にメッセージを出しても必ずうまくいくわけではない。社会に不安が残っている時はその声を汲み取りながらの発信が重要になる。しかし、一定の落ち着きを取り戻した時には、科学的事実を共有することを躊躇してはならない。「言わなければ分からないこと」ばかりの中で、それをまっすぐに言うべき人間が、その役割から逃げ続ければ事態は混迷し続け、風評被害の苦しみの中心に立つ人が救われる機会はいつまでも訪れない。

（5）現場のリーダーの役割は未来を見せること

社会は様々な組織・集団で構成される。危機の中でその流動性が一気に高まる。年齢の高低、地域の内側と外側。そういったものがかき混ぜられる。それは無秩序とも言えるが、しがらみの無さとも言える。平時にはあり得ない人の動きが、有事を平時に戻す上での原動力となる。

その時、様々な現場にはリーダーが生まれ、リーダーシップが求められることになる。

先行きが不透明であるほど、早いうちに先のビジョンを描くことが重要だ。中間貯蔵施設の建設は、当初は困難と軋轢の中にあったが、国・県・町の首長たちの連携、そして各地域の自治的な集団のリーダーたちの「復興を進めるため、未来に進むために必要なことだ」という思いのもとでの協力があって、早期に方針が示された結果、現在までに作業の大きな進捗があった。仮にこれが無かったら、福島全体の復興は大きく遅れていただろう。

この事例に限らず、前を向き、周囲にも未来を見せるリーダーがあらゆる現場にいたことが重要だった。もちろん、そうではないリーダーもいた。後ろを見たり、足を引っ張ったりする動きも当然あった。それでも、前進してきた人々が率いてきた未来が今、現実のものとなりつつある。長期にわたる復興や廃炉のプロセスの中で、これからも未来を見せるリーダーの役割は重要だ。

本書が、10年目からの3・11、福島を考えるスタートラインになり、また、遠い未来にいつか振り返られる対象となる福島の復興や廃炉の歩みを考えようとする人々への手紙となることを願う。

２０２１年3月

細野豪志

昭和46年8月21日生まれ、選挙区は静岡5区。京都大学法学部卒業。三和総合研究所研究員（現三菱 UFJ リサーチ&コンサルティング）を経て、1999年より政治の道をスタートさせる。環境大臣、内閣府特命担当大臣（原子力発電所事故再発防止・収束）、総理大臣補佐官などを歴任。著書に『未来への責任』『証言 細野豪志「原発危機500日」の真実に鳥越俊太郎が迫る』『パラシューター　国会をめざした落下傘候補、疾風怒濤の全記録』『情報は誰のものか』。

開沼 博

昭和59年生まれ。福島県出身。東京大学文学部卒業。同大学院学際情報学府博士課程単位取得満期退学。専攻は社会学。著書に『日本の盲点』『はじめての福島学』『漂白される社会』『フクシマの正義』『「フクシマ」論』『社会が漂白され尽くす前に:開沼博対談集』『福島第一原発廃炉図鑑』『常磐線中心主義』『地方の論理』『「原発避難」論』など。フィールドレコーディング作品に福島第一原発内部の音を収録したCD「選別と解釈と饒舌さの共生」。学術誌の他、新聞・雑誌等にルポ・評論・書評などを執筆。

取材・構成／林 智裕

昭和54年8月21日生まれ。福島県出身。東日本大震災後は福島県在住のジャーナリストとして、東電原発事故後の福島県の状況やその報道のあり方について『現代ビジネス』『SYNODOS（シノドス）』『ダイヤモンドオンライン』『Wedge』などに検証記事を寄稿している。その他、世界的な銘酒処として注目され始めている福島県の酒肴を毎月紹介・頒布する『fukunomo（ふくのも）』、地域の魅力やグルメ情報を発信する『福島 TRIP』などのメディアに連載中。『福島第一原発廃炉図鑑』（開沼博・編）にはデマを検証するコラムを寄稿した。

参考文献

細野豪志

開沼博（2011）　『「フクシマ」論 原子力ムラはなぜ生まれたのか』青土社
開沼博（2012）　『フクシマの正義「日本の変わらなさ」との闘い』幻冬舎
開沼博（2015）　『はじめての福島学』イースト・プレス
開沼博（2016）　『福島第一原発廃炉図鑑』太田出版
竜田一人（2014）『いちえふ　福島第一原子力発電所労働記 1』講談社
竜田一人（2015）『いちえふ　福島第一原子力発電所労働記 2』講談社
竜田一人（2015）『いちえふ　福島第一原子力発電所労働記 3』講談社
磯部晃一（2019）『トモダチ作戦の最前線―福島原発事故に見る日米同盟連携の教訓』彩流社
大津留晶、緑川早苗（2020）
『みちしるべ～福島県「甲状腺検査」の疑問と不安に応えるために～』POFF
長瀧重信（2012）『原子力災害に学ぶ放射線の健康影響とその対策』丸善出版

東電 福島原発事故 自己調査報告
深層証言＆福島復興提言：2011＋10

第1刷　2021年2月28日

著　者　細野豪志
編　者　開沼　博

発行者　小宮英行
発行所　株式会社徳間書店
〒141-8202 東京都品川区上大崎 3-1-1 目黒セントラルスクエア
電話　（編集）03-5403-4350／（販売）049-293-5521
振替　00140-0-44392

印刷・製本　大日本印刷株式会社

ISBN978-4-19-865273-9